ОСНОВНОЙ КУРС РУССКОГО ЯЗЫКА ДЛЯ СТУДЕНТОВ ИНЖЕНЕРНО-ТЕХНИЧЕСКИХ ПРОФИЛЕЙ

工程俄语基础教程

（第四册）

总主编　王　莉

主　编　牛安娜

哈爾濱工業大學出版社

HITP HARBIN INSTITUTE OF TECHNOLOGY PRESS

内 容 简 介

本书以理工科（机械、交通、工业设计、土木工程专业）及文科的管理学专业知识内容为基础，以俄罗斯国情文化知识为补充，结合学生的专业课进度，按照“学中用”和 “用中学”相结合的原则，开展俄语语言技能的习得训练。在教材体例上，加强“一般用途俄语”的教学规范性，遵循传统俄语教材的编写规范，设计编写了课文、生词和相关练习等形式的内容，并附有词汇表。在教材内容上，突出“专门用途俄语”的应用实践性，通过掌握理学、工学及管理学专业知识的俄语表达方式来提升俄语语言能力。

本书可供就读于中俄合作办学专业的学生使用，也可供赴俄留学人员语言强化使用。

图书在版编目（CIP）数据

工程俄语基础教程. 第四册/牛安娜主编. — 哈尔滨:哈尔滨工业大学出版社, 2023. 2

工程俄语基础教程

ISBN 978 - 7 - 5767 - 0668 - 0

Ⅰ. ①工… Ⅱ. ①牛… Ⅲ. ①工程技术-俄语-教材 Ⅳ. ①TB

中国国家版本馆 CIP 数据核字（2023）第 030117 号

策划编辑　王桂芝
责任编辑　王桂芝　王　雪
出版发行　哈尔滨工业大学出版社
社　　址　哈尔滨市南岗区复华四道街 10 号　邮编 150006
传　　真　0451 - 86414749
网　　址　http://hitpress. hit. edu. cn
印　　刷　哈尔滨市石桥印务有限公司
开　　本　787 mm×1 092 mm　1/16　印张 16. 25　字数 390 千字
版　　次　2023 年 2 月第 1 版　2023 年 2 月第 1 次印刷
书　　号　ISBN 978 - 7 - 5767 - 0668 - 0
定　　价　52. 00 元

《工程俄语基础教程》
教材编写委员会

序

中俄合作办学自 1994 年启动以来,历经起步探索期—迅速发展期—复核调整期—稳健发展期四个阶段。至 2021 年 9 月,经教育部审批的中俄合作办学项目已达 124 家,机构办学达到 12 家,俄罗斯成为仅位居美、英、澳之后的第四大中外合作办学对象国,在校生人数 25 000 余人。

目前,国家越来越重视对俄教育交流工作,国家留学基金管理委员会俄乌白国际合作培养项目规模不断扩大。在夯实中俄合作基础、保障人才供给、优化人文交流氛围和教育开放布局等方面,中俄合作办学意义重大。

俄语教学在中俄合作办学工作中的作用不可替代,但在中俄合作办学工作实践中,各办学单位对俄语教学的意义、任务和模式认识不够充分,教学效果也差强人意,这影响着中俄合作办学事业的更好发展。编者认为,俄语教学工作需要注意如下三点:

一、强化俄语教学是中俄合作办学质量生命线的理念。俄语教学是按照"专业+俄语"复合型国际化人才的培养规格要求,俄语教学为推动中俄两国间学科专业合作交流提供语言工具保障。

二、实现俄语教学从语言"知识"向语言"应用"的转移。以语言的实用性作为教学的出发点和核心,培养与某专业领域相适应的俄语语言技能,打造以实用训练为中心的针对性教学模式,做到"学中用,用中学,学用统一"。

三、厘清"一般用途俄语"(Russian for General Purposes, RGP)和"专门用途俄语"(Russian for Specific Purposes,RSP)的区别。目前,我国的俄语教学单位普遍选择"一般用途俄语"模式,该模式以通识性语言材料作为教学内容,以获取俄语语言技能为目的。"专门用途俄语"以某一专业或职业领域相关的语言材料为教学内容,以"特定学习目标为导向"的语言教学和能力训练作为教学任务,既包括"一般用途俄语"的能力训练,也包括对专业知识内容的认知。这种模式对教师的要求相对较高,需要具备常规俄语教学的语言技能训练能力,并对相应的学科和专业有一定的了解。

调研显示,目前大部分中俄合作办学单位采用 RGP 教学模式。RGP 教学模式表现出三方面不足:教材中的专业知识内容供给不足,不符合中俄合作办学"专业+俄语"人才培养目标需求;教材对学生专业学习诉求回应不够,学生的学习内驱动力不足;应试教育倾向明显,语言能力训练不足以推动专业素养水平的提升。

综上所述,编者认为,从 RGP 向 RSP 转型对中俄合作办学人才培养目标的实现意义重大,甚至对于推进更大范围内的俄语教学模式改革同样有积极的作用。但 RSP 教学模式的实施既有学生思想理念上认识需求端的问题,还体现在师资队伍、教材建设、教学模式等资源供给端的难点。

从需求端来看,学生的学习理念和目标与复合型人才培养目标有差异。对标中俄合作办学“专业+俄语”复合型人才培养的目标要求,应当形成全体师生的共识,强化学生的学业主观认知和学习能动性,以“学中用”为能力训练思路,实施“专业+俄语”的融合教学,推动RSP 教学体系创新,用俄语进行专业学习和研究,实现与专业学习的有效对接,从而提高学生的俄语综合技能(重点训练语言输出技能),提高学生的专业思辨能力和跨文化交际能力。

从供给端来看,现有师资队伍以俄语语言专业背景为主,不适应 RSP 的服务专业学习的教学目标;现有教材以通用语言材料为主,不适应“专业+俄语”的教学需要;教学模式以单一的课堂讲授为主,不适应中俄合作办学人才目标的能力体系要求。我们需要将俄语语言学习和专业课程学习相结合,师资、教材和教学有机衔接,打造“浸入式”语言教学生态。

教学资源保障的核心是人,师资队伍建设是一个成长学习的过程,教学模式构建是一个探索完善的过程,而教材建设是工作理念、队伍和模式落地的基础保障,亟待落实。

2019 年 5 月,在教育部国际合作与交流司和中国教育国际交流协会的推动下,“中俄合作办学高校联盟”成立,为创新开展中俄合作办学工作提供了坚实的组织保障和合作平台。联盟内各合作办学单位联合开展 RSP 的课程开发、教材建设和模式创新等工作,共建共享教育资源,为解决中俄合作办学的语言瓶颈开展有益的探索。

本系列教材以理工科(数学、物理、机械、电子、交通、土木工程类等)知识内容为基础,以赴俄后工科高校的学习生活为场景,并结合学生的专业课学习进度,按照“学中用”和“用中学”相结合的原则,开展俄语语言技能的习得训练。

在教材体例上,加强“一般用途俄语”教学规范性,遵循传统俄语教材的编写规范,设计编写了对话、课文、生词、语法和相关练习等形式的内容,并附词汇表。

在教材内容上,突出“专门用途俄语”的应用实践性,通过掌握理学和工学知识的俄语表达方式提升俄语语言能力。本系列教材共分 4 册,第一、二册的语言材料以中学数学和物理知识为主,第三、四册的语言材料以机械类、电子类、交通类、管理类、土木工程等入门知识为主,辅之以俄罗斯国情文化知识内容。

本系列教材可供就读于中俄合作办学专业的学生使用,原则上四个学期完成,根据工程类专业课进度,可做适当调整;也可供赴俄留学人员语言强化使用。

参加本系列教材编写工作的编者包括江苏师范大学中俄学院、长春大学中俄学院、山东交通学院顿河学院及交通与物流工程学院、北京联合大学城市轨道交通与物流学院等高校的俄语教师。

王 莉
2022 年 1 月

前　言

本册教材继续沿袭“专门用途俄语”的编写理念，在“通用俄语”部分以俄罗斯国情文化知识为学习内容，重点介绍俄罗斯的教育系统、俄罗斯体育、俄罗斯饮食、俄罗斯节日、俄罗斯旅游、俄罗斯礼仪等常识性内容。在“专门用途俄语”方面以理工科（机械、交通、工业设计、土木工程专业）及文科的管理学专业知识为教学内容，共42篇专业小课文，并结合学生的专业课学习进度，按照“学中用”和“用中学”相结合的原则，开展俄语语言技能的习得训练。

在教材的体例上，本册教材设计编写了与课文内容配套的生词和相关练习，并附有词汇表。在教材内容上，突出“专门用途俄语”的应用实践性，通过掌握理学、工学及管理学专业知识的俄语表达方式来提升俄语语言能力。

本册教材由北京联合大学城市轨道交通与物流学院（俄交大联合交通学院）教师团队编写，牛安娜担任主编，具体编写分工如下：牛安娜编写1～9课、单词表及附录专业词汇表，王君兰编写10～12课，于淼编写13～15课，周峪竹编写16～18课。牛安娜和外籍教师Орышич Клавдия Алексеевна审阅全书。在此一并感谢各位教师为参与本册教材的编写工作所付出的辛劳！

由于编者水平有限，书中疏漏及不足之处在所难免，恳请广大专家、读者提出宝贵意见和建议。

编　者

2023年1月

ОГЛАВЛЕ́НИЕ

УРÓК 1

РАЗДÉЛ 1　ТЕКСТ

СИСТÉМА ОБРАЗОВÁНИЯ В РОССИ́И (1)

Структýра систéмы образовáния в Росси́и включáет в себя́ óбщее, профессионáльное и дополни́тельное образовáние, котóрое реализýется по слéдующим ýровням:

— ýровни óбщего образовáния:

(1) дошкóльное образовáние;

(2) начáльное óбщее образовáние;

(3) основнóе óбщее образовáние;

(4) срéднее óбщее образовáние;

— ýровни профессионáльного образовáния:

(1) срéднее профессионáльное образовáние;

(2) вы́сшее образовáние — бакалавриáт;

(3) вы́сшее образовáние — специалитéт, магистратýра;

(4) вы́сшее образовáние — аспирантýра.

Дошкóльное образовáние предоставля́ют чáще всегó дéтские сады́. Дáнные организáции мóгут быть как госудáрственными, так и чáстными.

В дéтских садáх дéти дéлятся по грýппам соответ́ственно их вóзрасту: я́сли (1—3 гóда); млáдшая (3—4 гóда), срéдняя (4—5 лет), стáршая (5—6 лет) и подготови́тельная (6—7 лет) грýппы. Обучáющим персонáлом явля́ются воспитáтели.

Обязáтельное образовáние подразделя́ется на начáльное óбщее (пéрвые 4 клáсса), основнóе óбщее (9 клáссов) и срéднее óбщее (10—11 клáссов). Обязáтельное образовáние получáют в общеобразовáтельных организáциях: шкóлах, лицéях, гимнáзиях.

Сáмое вáжное собы́тие в жи́зни ребёнка — э́то поступлéние в шкóлу, где бы́вший дошкольник станóвится шкóльником. Пéрвого сентября́, в пéрвый день учéбного гóда, во всех шкóлах Росси́и прохóдит прáздник — День знáний.

Учáщиеся разби́ты на клáссы по 20—30 человéк. Шкóльников обучáют учителя́. В Росси́и учéбный год дéлится в основнóм на 4 чéтверти. Итóги выставля́ются по пятибáльной шкалé.

Учéбный год закáнчивается в концé мáя. Пéред итóговыми экзáменами в 9 и 11 клáссах организýются прáздники, котóрые назывáются "Послéдний звонóк", пóсле экзáменов устрáивается выпускнóй вéчер.

По́сле оконча́ния 9 кла́сса шко́льники сдаю́т основно́й госуда́рственный экза́мен (ОГЭ), который состои́т из четырёх экза́менов по: ру́сскому языку́, матема́тике и двум предме́там по вы́бору — и слу́жит для приёма в учрежде́ния сре́днего профессиона́льного образова́ния (ко́лледжи и те́хникумы).

Систе́ма проведе́ния еди́ного госуда́рственного экза́мена (ЕГЭ) в 11-ом кла́ссе похо́жа на ОГЭ. Есть два обяза́тельных предме́та (матема́тика и ру́сский язы́к), а та́кже два предме́та по жела́нию.

По результа́там экза́менов ва́жно получи́ть минима́льное коли́чество ба́ллов, кото́рые допуска́ет Рособрнадзо́р. Чем вы́ше су́мма ба́ллов, тем бо́льше у абитурие́нта ша́нсов поступи́ть в вуз на жела́емую специа́льность.

Зада́ния к те́ксту

I. Вы́учите но́вые слова́ и словосочета́ния.

о́бщий	普通的
профессиона́льный	专业的
дополни́тельный	附加的
бакалавриа́т	学士教育，本科教育
магистрату́ра	硕士研究生学制；硕士研究生部
аспиранту́ра	研究生院，研究生部
я́сли	托儿所
воспита́тель	教导员；保育员(阳)
обяза́тельный	义务的
че́тверть	学季(四分之一学年)(阴)
балл	分数
шкала́	标度
Рособрнадзо́р	俄罗斯联邦教育和科学监督局
абитурие́нт	参加高考的学生
вуз (вы́сшее уче́бное заведе́ние)	大学

II. Отве́тьте на вопро́сы.

1. Назови́те основны́е у́ровни о́бщего образова́ния в Росси́и.
2. Назови́те основны́е у́ровни профессиона́льного образова́ния.
3. Назови́те гру́ппы в де́тских сада́х.
4. Когда́ в Росси́и начина́ется и зака́нчивается уче́бный год в шко́лах?
5. Когда́ в Росси́и сдаю́т основно́й и еди́ный госуда́рственные экза́мены (ОГЭ и ЕГЭ)?
6. Сравни́те систе́му о́бщего образова́ния в Росси́и и в ва́шей стране́.

III. Запо́лните про́пуски в соотве́тствии с содержа́нием те́кста.

1. Ча́ще всего́ дошко́льное образова́ние в Росси́и предоставля́ют ________.

2. В де́тских сада́х де́ти де́лятся по гру́ппам соотве́тственно их ________.

3. Са́мое ва́жное собы́тие в жи́зни ребёнка — э́то поступле́ние в шко́лу, где бы́вший дошколёнок стано́вится ________.

4. По́сле оконча́ния ______ кла́сса шко́льники сдаю́т основно́й госуда́рственный экза́мен.

5. По результа́там экза́менов ва́жно получи́ть минима́льное коли́чество ______, кото́рое допуска́ет Рособрнадзо́р.

IV. Соедини́те слова́ и словосочета́ния с их определе́нием, сино́нимом (Табли́ца 1.1).

Табли́ца 1.1

Слова́ и словосочета́ния	Определе́ние, сино́ним
абитурие́нт	госуда́рственный о́рган, контроли́рующий систе́му образова́ния в Росси́и
бакалавриа́т	у́ровень вы́сшего образова́ния
воспита́тель	челове́к, поступа́ющий в вы́сшее уче́бное заведе́ние
День зна́ний	по вы́бору
"После́дний звоно́к"	пра́здник 1 сентября́
по жела́нию	персона́л в де́тском саду́
Рособрнадзо́р	пра́здник пе́ред ОГЭ и ЕГЭ
вуз	вы́сшее уче́бное заведе́ние

V. Прочита́йте предложе́ния. Вы согла́сны с тем, что напи́сано? Е́сли нет, то испра́вьте оши́бки.

1. Структу́ра систе́мы образова́ния в Росси́и включа́ет в себя́ то́лько о́бщее и профессиона́льное образова́ние.

2. Образова́тельные организа́ции мо́гут быть как госуда́рственными, так и ча́стными.

3. В одно́м кла́ссе мо́жет учи́ться до 50 шко́льников.

4. В росси́йской шко́ле уче́бный год де́лится на семе́стры.

5. В росси́йской шко́ле пятиба́лльная систе́ма.

6. На ОГЭ и ЕГЭ обяза́тельными предме́тами явля́ются ру́сский и англи́йский языки́.

РАЗДЕ́Л 2 ЖЕЛЕ́ЗНАЯ ДОРО́ГА

СИСТЕ́МЫ УПРАВЛЕ́НИЯ УСТРО́ЙСТВАМИ ЭЛЕКТРОСНАБЖЕ́НИЯ

Систе́ма электроснабже́ния желе́зных доро́г представля́ет собо́й сло́жный объе́кт управле́ния, образо́ванный тя́говыми подста́нциями, пу́нктами паралле́льного пита́ния, понизи́тельными подста́нциями, ли́ниями электропереда́ч. Систе́ма рассредото́чена на деся́тки и со́тни киломе́тров, но объединена́ о́бщностью проце́ссов преобразова́ния, распределе́ния и потребле́ния электри́ческой эне́ргии в норма́льных, утяжелённых, авари́йных, послеавари́йных и ремо́нтных режи́мах.

Различа́ют организацио́нно-экономи́ческое и диспе́тчерско-технологи́ческое управле́ние электроснабже́нием. Диспе́тчерско-технологи́ческое управле́ние, в свою́ о́чередь, подразделя́ется на диспе́тчерско-операти́вное, выполня́емое на расстоя́нии из энергодиспе́тчерских пу́нктов сре́дствами автоматизи́рованных систе́м диспе́тчерского управле́ния, и управле́ние технологи́ческими проце́ссами, осуществля́емое ме́стными и централизо́ванными систе́мами автомати́ческого управле́ния.

Автоматизи́рованная систе́ма управле́ния электроснабже́нием реализу́ется на ба́зе вычисли́тельной и управля́ющей те́хники, телемехани́ческого и диспе́тчерского обору́дования как иерархи́ческая многоу́ровневая систе́ма. Ме́стные систе́мы технологи́ческого управле́ния включа́ют реле́йную защи́ту, автомати́ческое повто́рное включе́ние обору́дования, автомати́ческое включе́ние резе́рва, автомати́ческое регули́рование напряже́ния и мо́щности, автомати́ческое включе́ние преобразова́тельных агрега́тов, автомати́ческое определе́ние мест поврежде́ния и др.

Но́вые слова́

управле́ние	操纵,控制	послеавари́йный	事故后的
пункт	点;项;条;站	ремо́нтный	修理的,检修的
паралле́льный	平行的,同时的,并联的	режи́м	制度,规范;状态
диспе́тчерский	调度的	пита́ние	电源,馈电
операти́вный	业务上的,操作的	понизи́тельный	降压的
централизо́ванный	集中的,中央的	электропереда́ча	输电,送电
вычисли́тельный	计算的	утяжелённый	重载的
объедини́ть	使联合,使合并	телемехани́ческий	遥控的,远动的
иерархи́ческий	体系的;分级的,分层的	о́бщность	共同性,一致性(阴)
многоу́ровневый	多层的,多级的	реле́йный	继电器的
преобразова́ние	变换,转换	повто́рный	重复的,二次的
распределе́ние	配电,配置,分配	включе́ние	接通,连接
потребле́ние	消耗;消费	агрега́т	部件;装置;联动机

рассредота́чивать/рассредото́чить	分散,疏散	авари́йный	紧急的,备用的,事故的
поврежде́ние	损坏,故障		

Зада́ния к те́ксту

1. Отве́тьте на вопро́сы.

（1）Что тако́е систе́ма электроснабже́ния желе́зных доро́г?

（2）Как да́нная систе́ма рассредото́чена и объединена́?

（3）Как подразделя́ется диспе́тчерско-технологи́ческое управле́ние?

（4）Как реализу́ется автоматизи́рованная систе́ма управле́ния электроснабже́нием?

（5）Что включа́ют в себя́ ме́стные систе́мы технологи́ческого управле́ния?

2. Переведи́те словосочета́ния на кита́йский язы́к.

（1）систе́ма электроснабже́ния

（2）в норма́льном режи́ме

（3）утяжелённый режи́м

（4）авари́йный режи́м

（5）послеавари́йный режи́м

（6）ремо́нтный режи́м

（7）организацио́нно-экономи́ческое управле́ние электроснабже́нием

（8）диспе́тчерско-технологи́ческое управле́ние

（9）иерархи́ческая многоу́ровневая систе́ма

（10）автомати́ческое повто́рное включе́ние

（11）автомати́ческое включе́ние резе́рва

（12）автомати́ческое регули́рование напряже́ния и мо́щности

3. Продо́лжите предложе́ния.

（1）Систе́ма электроснабже́ния желе́зных доро́г представля́ет собо́й ________.

（2）Систе́ма рассредото́чена на ________, но объединена́ ________.

（3）Различа́ют ________ и ________ управле́ние электроснабже́нием.

（4）Автоматизи́рованная систе́ма управле́ния электроснабже́нием реализу́ется на ба́зе ________.

（5）Ме́стные систе́мы технологи́ческого управле́ния включа́ют ________.

УРО́К 2

РАЗДЕ́Л 1 ТЕКСТ

СИСТЕ́МА ОБРАЗОВА́НИЯ В РОССИ́И (2)

Сре́днее профессиона́льное образова́ние напра́влено на подгото́вку квалифици́рованных рабо́чих, слу́жащих и специали́стов сре́днего звена́. Его́ мо́жно получи́ть в ко́лледжах, учи́лищах, те́хникумах как по́сле 9-ого, так и по́сле 11-ого кла́сса.

Обуче́ние по програ́ммам вы́сшего образова́ния прово́дят акаде́мии, университе́ты, институ́ты. Учёба в бакалавриа́те дли́тся четы́ре го́да и предполага́ет о́бщую фундамента́льную подгото́вку. По ито́гам обуче́ния выдаётся дипло́м бакала́вра. Докуме́нт даёт пра́во рабо́тать по профе́ссии и́ли продо́лжить обуче́ние в магистрату́ре.

В отли́чие от бакалавриа́та програ́ммы специалите́та ориенти́руют студе́нтов на практи́ческую рабо́ту. Обуче́ние дли́тся не ме́нее пяти́ лет. По ито́гам сда́чи экза́менов и защи́ты дипло́мной рабо́ты выдаётся дипло́м специали́ста. Выпускники́ специалите́та име́ют пра́во на профессиона́льную де́ятельность и мо́гут продо́лжить образова́ние в магистрату́ре и́ли аспиранту́ре.

Обуче́ние в магистрату́ре дли́тся не ме́нее двух лет и предусма́тривает подгото́вку студе́нта к нау́чно-иссле́довательской де́ятельности. Выпускники́ защища́ют маги́стерскую диссерта́цию, по ито́гам кото́рой выдаётся дипло́м маги́стра. Выпускники́ магистрату́ры име́ют пра́во на профессиона́льную де́ятельность и мо́гут продо́лжить образова́ние в аспиранту́ре.

Аспиранту́ра — э́то фо́рма подгото́вки нау́чно-педагоги́ческих ка́дров. Обуче́ние включа́ет образова́тельную часть, педагоги́ческую де́ятельность, пра́ктику, нау́чно-иссле́довательскую рабо́ту. Обуче́ние на о́чной фо́рме дли́тся не ме́нее трёх лет, на зао́чной—не ме́нее четырёх. По ито́гам защи́ты диссерта́ции присва́ивается сте́пень кандида́та нау́к.

В 2019 году́ в Росси́и насчи́тывалось 742 ву́за, большинство́ из кото́рых явля́ются госуда́рственными. Бо́льше всего́ ву́зов и студе́нтов — в Москве́: 203 образова́тельные организа́ции. Второ́е ме́сто в спи́ске са́мых студе́нческих регио́нов страны́ занима́ет То́мская о́бласть, тре́тье — Санкт-Петербу́рг.

С ка́ждым го́дом растёт число́ абитурие́нтов из-за рубежа́, жела́ющих поступи́ть в росси́йские ву́зы. Чи́сленность иностра́нных студе́нтов в Росси́и с 2010 по 2019 учёбный год увели́чилась со 153 тыс. до 297,9 тыс. челове́к. При э́том бо́льшая часть всех иностра́нцев прихо́дится на пять вы́сших уче́бных заведе́ний: Каза́нский федера́льный университе́т, Росси́йский университе́т дру́жбы наро́дов, Моско́вский фина́нсово-промы́шленный университе́т "Синерги́я", Санкт-Петербу́ргский политехни́ческий университе́т Петра́ Вели́кого, а та́кже НИУ "Вы́сшая шко́ла эконо́мики".

Зада́ния к те́ксту

I. Вы́учите но́вые слова́ и словосочета́ния.

фундамента́льный	基本的
о́трасль	部门；分科（阴）
предусма́тривать	预见到
о́чная фо́рма обуче́ния	面授方式
зао́чная фо́рма обуче́ния	函授方式
присва́иваться	授予

II. Отве́тьте на вопро́сы.

А.

1. Чем отлича́ется бакалавриа́т и специалите́т?

2. Когда́ в Росси́и мо́жно поступа́ть в аспиранту́ру?

3. Ско́лько в Росси́и насчи́тывается ву́зов? Каки́х ву́зов бо́льше: госуда́рственных и́ли ча́стных?

4. В каки́х университе́тах в основно́м у́чатся иностра́нные студе́нты? А в како́м росси́йском ву́зе хоте́ли бы учи́ться вы? Почему́?

Б.

1. В ва́шей стране́ есть заведе́ния сре́днего профессиона́льного образова́ния?

2. Ско́лько насчи́тывается ву́зов в ва́шей стране́? Они́ все госуда́рственные, и́ли есть ча́стные? Каки́х ву́зов бо́льше: госуда́рственных и́ли ча́стных?

3. В каки́х университе́тах ва́шей страны́ в основно́м у́чатся иностра́нные студе́нты?

4. Каки́е ву́зы счита́ются наибо́лее прести́жными в ва́шей стране́?

III. Запо́лните про́пуски в соотве́тствии с содержа́нием те́кста.

1. Сре́днее профессиона́льное образова́ние мо́жно получи́ть по́сле девя́того и по́сле ________ кла́ссов.

2. Учёба в бакалавриа́те дли́тся ________ го́да и предполага́ет о́бщую фундамента́льную подгото́вку.

3. В отли́чие от бакалавриа́та програ́ммы специалите́та ориенти́руют студе́нтов на ________ рабо́ту в о́трасли по вы́бранному направле́нию.

4. По ито́гам защи́ты диссерта́ции в аспиранту́ре присва́ивается сте́пень ________ нау́к.

5. С ка́ждым го́дом растёт коли́чество студе́нтов из-за ________.

IV. Соедини́те слова́ и словосочета́ния с их определе́нием, сино́нимом(Табли́ца 2. 1).

Табли́ца 2. 1

Слова́ и словосочета́ния	Определе́ние, сино́ним
учи́лище	выпускна́я рабо́та
фундамента́льный	из-за грани́цы
маги́стерская диссерта́ция	основно́й
аспиранту́ра	сре́днее специа́льное уче́бное заведе́ние
из-за рубежа́	фо́рма подгото́вки нау́чно-педагоги́ческих ка́дров

V. Прочита́йте предложе́ния. Вы согла́сны с тем, что напи́сано? Е́сли нет, то испра́вьте оши́бки.

1. Обуче́ние по програ́ммам вы́сшего образова́ния прово́дят акаде́мии, университе́ты, институ́ты.

2. Выпускники́ бакалавриа́та име́ют пра́во поступа́ть в аспиранту́ру.

3. Обуче́ние в магистату́ре предусма́тривает подгото́вку студе́нта к нау́чно-иссле́довательской де́ятельности.

4. Обуче́ние на о́чной фо́рме в аспиранту́ре дли́тся до́льше, чем на зао́чной фо́рме.

5. Ча́стных ву́зов в Росси́и сто́лько же, ско́лько госуда́рственных.

6. Студе́нтов из-за рубежа́ в Росси́и стано́вится с ка́ждым го́дом ме́ньше.

РАЗДЕ́Л 2 МАШИНОСТРОЕ́НИЕ

МАШИ́НЫ И ТЕХНОЛО́ГИИ ОБРАБО́ТКИ МАТЕРИА́ЛОВ ДАВЛЕ́НИЕМ В МЕТИ́ЗНЫХ ПРОИЗВО́ДСТВАХ

Основны́е изуча́емые дисципли́ны:

Осно́вы проекти́рования;

Осно́вы техноло́гии машинострое́ния;

Техноло́гия листово́й штампо́вки;

Техноло́гия ко́вки и объёмной штампо́вки;

Кузне́чно-штампо́вочное обору́дование;

Техноло́гия автокузовострое́ния;

Организа́ция произво́дства, ме́неджмент;

САПР проекти́рования обору́дования;

САПР технологи́ческих проце́ссов;

Электрообору́дование пре́ссовых цехо́в;

Электропри́вод КШМ;

Мето́дика нау́чных иссле́дований;

Тео́рия экспериме́нта;

Проекти́рование шта́мпов;

Техноло́гия произво́дства КШО и ШО;
Осно́вы конструи́рования КШО и средств автоматиза́ции;
Осно́вы проекти́рования технологи́ческой осна́стки;
Автоматиза́ция и робототе́хника;
Осно́вы ги́бкого автоматизи́рованного произво́дства;
Защи́та а́вторских прав;
Защи́та интеллектуа́льной со́бственности;
Теорети́ческая меха́ника;
Математи́ческая тео́рия пласти́чности;
Теорети́ческие осно́вы САПР;
Тео́рия автомати́ческого управле́ния;
Функциона́льные наноматериа́лы: получе́ние и сво́йства;
Осно́вы математи́ческого модели́рования;
Высокотемперату́рные фи́зико-хими́ческие проце́ссы;
Фи́зико-хими́ческие проце́ссы при нагре́ве;
Материалове́дение;
Техноло́гия конструкцио́нных материа́лов;
Меха́ника жи́дкости и га́за;
Метроло́гия, стандартиза́ция и сертифика́ция.

Но́вые слова́

электрооборý́дование	电气设备;电气装置
пре́ссовый	压力的,冲压的
цех	车间
электропри́вод	电力驱动;电传动;电力传动(装置)
штамп	锻模;压模,冲模
ги́бкий	柔韧的,柔软的
защи́та	保护
пра́во	权利;法律
интеллектуа́льный	智力的,理智的,精神的;智力发达的
со́бственность	财产,所有物;所有制,所有权(阴)
теорети́ческий	理论的,理论上的
пласти́чность	塑性,可塑性(阴)
функциона́льный	功能的,职能的
наноматериа́лы	纳米材料
модели́рование	模拟,仿真

нагре́в 加热,发热

Зада́ния к те́ксту

1. Переведи́те сле́дующие словосочета́ния на кита́йский язы́к.
   (1) объёмная штампо́вка
   (2) кузне́чно–штампо́вочное обору́дование
   (3) техноло́гия автокузовострое́ния
   (4) электроприво́д КШМ
   (5) сре́дство автоматиза́ции
   (6) технологи́ческая осна́стка
   (7) автоматиза́ция и робототе́хника
   (8) защи́та а́вторских прав
   (9) математи́ческая тео́рия пласти́чности
2. Переведи́те сле́дующие словосочета́ния на ру́сский язы́к.
   (1) 五金生产
   (2) 锻造技术
   (3) 科研方法论
   (4) 灵活的自动化生产
   (5) 知识产权保护
   (6) 理论基础
   (7) 功能纳米材料
   (8) 高温理化过程
3. Отве́тьте на сле́дующие вопро́сы по содержа́нию те́кста.
   (1) Каки́е осно́вы изуча́ются в ра́мках дисципли́ны?
   (2) Кака́я мето́дика изуча́ется в ра́мках дисципли́ны?
   (3) Каки́е техноло́гии вхо́дят в осно́ву дисципли́н по специа́льности?
   (4) Каки́е проце́ссы рассма́триваются в ку́рсе?
   (5) Защи́та чего́ вхо́дит в осно́ву дисципли́н по специа́льности?

УРО́К 3

РАЗДЕ́Л 1 ТЕКСТ

СПОРТ В РОССИ́И (1)

Росси́йских хоккеи́стов зна́ют во всём ми́ре. Сбо́рная Росси́и, с учётом побе́д сбо́рной СССР — ли́дер мирово́го хокке́я по коли́честву побе́д на чемпиона́тах ми́ра — 27, а та́кже 9 побе́д на Олимпи́йских и́грах. На сего́дняшний день о́чень мно́го росси́йских хоккеи́стов игра́ют в сильне́йшей ли́ге ми́ра — НХЛ. Среди́ игроко́в мо́жно вы́делить Па́вла Буре́, по про́звищу ру́сская раке́та, и Алекса́ндраОве́чкина, кото́рого ещё называ́ют Алекса́ндр Вели́кий.

Росси́йская сбо́рная по футбо́лу уча́ствовала в 4 чемпиона́тах ми́ра и в 6 чемпиона́тах Евро́пы. Они́ смогли́ удиви́ть всех, заня́в 3 ме́сто на чемпиона́те Евро́пы 2008 го́да. Сла́ву сбо́рной принесли́ таки́е игроки́, как Алекса́ндр Кержако́в, Артём Дзю́ба, И́горь Акинфе́ев и мно́гие други́е.

Одни́м из са́мых краси́вых ви́дов спо́рта явля́ется фигу́рное ката́ние. Сове́тская и росси́йская шко́ла фигу́рного ката́ния по пра́ву счита́ется сильне́йшей в ми́ре. Борьба́ Евге́ния Плю́щенко и Алексе́я Ягу́дина, кото́рые не допуска́ли други́х конкуре́нтов, дли́лась бо́лее 10 лет. За э́то вре́мя никто́ не смог соста́вить им конкуре́нцию. Така́я же ситуа́ция до́лгое вре́мя продолжа́ется и в же́нском, и в па́рном разря́де фигу́рного ката́ния.

Ещё одни́м популя́рным зи́мним ви́дом спо́рта явля́ется биатло́н. Он о́чень интере́сен для зри́телей, потому́ что соединя́ет в себе́ и лы́жную го́нку, и стрельбу́ по мише́ням. Имена́ Анто́на Шипу́лина, Серге́я Че́пикова, О́льги За́йцевой, Светла́ны Слепцо́вой явля́ются си́мволами триу́мфа росси́йских спортсме́нов.

Эстети́чески краси́вым ви́дом спо́рта явля́ется худо́жественная гимна́стика, в кото́рой росси́йские де́вушки всегда́ фавори́ты. Э́тот вид спо́рта заключа́ется в выполне́нии под му́зыку гимнасти́ческих и танцева́льных упражне́ний. Э́ти соревнова́ния всегда́ отлича́ются красото́й и гра́цией движе́ний, необыкнове́нной пла́стикой. Недоста́тком э́того ви́да спо́рта явля́ется то, что спортсме́нки зака́нчивают карье́ру о́чень ра́но. О́чень ча́сто мо́жно ви́деть, когда́ на соревнова́ниях и золота́я, и серебря́ная, и бро́нзовая меда́ли остаю́тся за де́вушками из Росси́и. Али́ну Каба́еву, Ири́ну Ча́щину, Ами́ну Зари́пову зна́ют во всём ми́ре.

Зада́ния к те́ксту

I. Вы́учите но́вые слова́ и словосочета́ния.

хоккеи́ст	冰球运动员	мише́нь	靶子(阴)
сбо́рная	联队	меда́ль	奖章(阴)
ли́дер	领先者	фигу́рное ката́ние	花样滑冰
чемпиона́т	冠军赛	про́звище	绰号
триу́мф	凯旋;胜利	сла́ва	荣耀
си́мвол	象征; 标志; 符号, 记号	худо́жественная гимна́стика	艺术体操
борьба́	竞争;竞赛	фавори́т	最有希望的运动员;宠儿
допуска́ть	允许	соревнова́ние	比赛
конкуре́нт	竞争者,对手	гра́ция	优雅
разря́д	(某种运动的)等级	недоста́ток	劣势
биатло́н	现代冬季两项(越野滑雪与射击相结合的一项运动)	пла́стика	姿势与动作的轻盈优美
золото́й	金质的	го́нка	比赛,竞赛
сере́бряный	银质的	стрельба́	射击运动
бро́нзовый	铜质的		

II. Отве́тьте на вопро́сы.

А.

1. Назови́те са́мых изве́стных хоккеи́стов Росси́и.

2. Что тако́е худо́жественная гимна́стика? В чём недоста́ток да́нного ви́да спо́рта?

Б.

1. Каки́е ви́ды спо́рта популя́рны в ва́шей стране́? Почему́?

2. Како́й вид спо́рта вы лю́бите смотре́ть? А каки́м ви́дом спо́рта вы лю́бите занима́ться? Почему́?

III. Запо́лните про́пуски в соотве́тствии с содержа́нием те́кста.

1. Росси́йских хоккеи́стов зна́ют во всём ________.

2. Росси́йская сбо́рная по футбо́лу смогла́ удиви́ть всех, заня́в 3 ме́сто на ________ Евро́пы 2008 го́да.

3. Сове́тская и росси́йская шко́ла фигу́рного ката́ния по пра́ву счита́ется ________ в ми́ре.

4. Биатло́н соединя́ет в себе́ и лы́жную го́нку, и стрельбу́ по ________.

5. Соревнова́ния по худо́жественной гимна́стике всегда́ отлича́ются красото́й и ________ движе́ний, необыкнове́нной пла́стикой.

IV. Соедини́те слова́ с их определе́нием, сино́нимом(Табли́ца 3. 1).

Табли́ца 3. 1

Слова́	Определе́ние, сино́ним
чемпиона́т	цель
про́звище	люби́мчик
мише́нь	побе́да
триу́мф	Национа́льная хокке́йная ли́га
фавори́т	соревнова́ние
НХЛ	и́мя, кли́чка, псевдони́м

V. Прочита́йте предложе́ния. Вы согла́сны с тем, что напи́сано? Е́сли нет, то испра́вьте оши́бки.

1. Росси́йские хоккеи́сты не игра́ют в НХЛ.

2. Росси́йская сбо́рная по футбо́лу не принима́ет уча́стие в чемпиона́тах ми́ра.

3. Росси́йское фигу́рное ката́ние явля́ется сильне́йшим в ми́ре.

4. Биатло́н о́чень интере́сен для зри́телей, потому́ что соединя́ет в себе́ лы́жную го́нку и стрельбу́ по мише́ням.

5. Спортсме́нки, занима́ющиеся худо́жественной гимна́стикой, зака́нчивают карье́ру по́здно.

РАЗДЕ́Л 2 МАШИНОСТРОЕ́НИЕ

ОБОРУ́ДОВАНИЕ И ТЕХНОЛО́ГИЯ ПОВЫШЕ́НИЯ ИЗНОСОСТО́ЙКОСТИ И ВОССТАНОВЛЕ́НИЕ ДЕТА́ЛЕЙ МАШИ́Н И АППАРА́ТОВ

В ра́мках да́нной програ́ммы вы бу́дете изуча́ть сле́дующие о́бщие дисципли́ны:

Математи́ческие и о́бщие естественнонау́чные дисципли́ны;

Вы́сшая матема́тика;

Информа́тика;

Фи́зика;

Теорети́ческая меха́ника;

Эколо́гия.

В ра́мках програ́ммы вы бу́дете изуча́ть сле́дующие профессиона́льные дисципли́ны:

Инжене́рная гра́фика;

Осно́вы проекти́рования;

Осно́вы техноло́гии машинострое́ния;

Безопа́сность жизнеде́ятельности;

Осно́вы те́ории сма́зки и сма́зочные материа́лы;

Осно́вы те́ории тре́ния и изна́шивания;

Ви́ды изна́шивания и причи́ны отка́за узло́в тре́ния;

Триботехни́ческое материалове́дение и триботехноло́гии;

Осно́вы проекти́рования и расчёт узло́в тре́ния;

Маши́ны и ме́тоды для триботехни́ческих испыта́ний;

Техноло́гия машинострое́ния;

Дета́ли маши́н;

Техни́ческая меха́ника;

Материалове́дение;

Техноло́гия конструкцио́нных материа́лов;

Метроло́гия, стандартиза́ция и сертифика́ция;

Электроте́хника и электро́ника;

Меха́ника жи́дкости и га́за;

Теорети́ческие осно́вы и технологи́ческие ме́тоды восстановле́ния и повыше́ния износосто́йкости дета́лей маши́н;

Обору́дование для повыше́ния износосто́йкости и восстановле́ния дета́лей маши́н;

Техни́ческая эксплуата́ция и надёжность промы́шленного обору́дования;

Ме́тоды модели́рования проце́ссов в трибосисте́мах;

Компью́терные техноло́гии при проекти́ровании узло́в тре́ния;

Триботехни́ческие зада́чи и компью́терные приложе́ния;

Совреме́нные триботехноло́гии;

Теорети́ческие осно́вы и техноло́гия нанесе́ния покры́тий со специа́льными сво́йствами;

Специа́льные ме́тоды упрочне́ния дета́лей и про́чее.

Но́вые слова́

естественнонау́чный	自然科学的
вы́сший	高等的
информа́тика	情报学,信息学,信息技术
эколо́гия	生态学
профессиона́льный	职业的,专业的
сма́зка	润滑,上油,涂抹;润滑油,涂料
сма́зочный	润滑的,润滑油的
изна́шивание	磨损,损耗
отка́з	(机器等)出故障
тре́ние	摩擦
триботехни́ческий	摩擦技术的,摩擦工艺的

восстановле́ние 还原,恢复;重建,修复;再生

повыше́ние 提高,增加,上升

износосто́йкость 耐磨性(阴)

надёжность 可靠性,安全性(阴)

промы́шленный 工业的

трибосисте́ма 摩擦系统

нанесе́ние 涂色,镀层

упрочне́ние 硬化;加强,强化

про́чий 其余的,其他的

Зада́ния к те́ксту

1. Переведи́те сле́дующие словосочета́ния на кита́йский язы́к.
   (1) тео́рия тре́ния и изна́шивания
   (2) у́зел тре́ния
   (3) триботехни́ческое материалове́дение
   (4) техни́ческая эксплуата́ция
   (5) ме́тод моделли́рования проце́сса в трибосисте́ме
   (6) триботехни́ческая зада́ча
   (7) покры́тие со специа́льными сво́йствами
   (8) упрочне́ние дета́лей
2. Переведи́те сле́дующие словосочета́ния на ру́сский язы́к.
   (1) 一般自然科学学科
   (2) 增强耐磨性
   (3) 机械零件的修复
   (4) 润滑剂
   (5) 工业设备的可靠性
   (6) 涂层
3. Отве́тьте на сле́дующие вопро́сы по содержа́нию те́кста.
   (1) В ра́мках како́й програ́ммы бу́дут изуча́ться перечи́сленные дисципли́ны?
   (2) Каки́е о́бщие дисципли́ны бу́дут изуча́ться?
   (3) Осно́вы каки́х тео́рий вхо́дят в соста́в профессиона́льных дисципли́н?
   (4) Каки́е ме́тоды изуча́ются в профессиона́льных дисципли́нах?
   (5) С каки́ми сво́йствами рассма́тривается в ку́рсе техноло́гия нанесе́ния покры́тий?

УРО́К 4

РАЗДЕ́Л 1 ТЕКСТ

СПОРТ В РОССИ́И (2)

Спорти́вная гимна́стика тре́бует необыча́йной си́лы и выно́сливости. Она́ включа́ет в себя́ соревнова́ния на гимнасти́ческих снаря́дах, в во́льных упражне́ниях и в опо́рных прыжка́х. Спорти́вная гимна́стика вхо́дит в програ́мму Олимпи́йских игр, начина́я с са́мой пе́рвой Олимпиа́ды совреме́нности — Афи́ны-1896. Сове́тская гимна́стка Лари́са Латы́нина — облада́тельница са́мого большо́го числа́ олимпи́йских меда́лей за всю исто́рию спорти́вной гимна́стики. Среди́ совреме́нных росси́йских спортсме́нов мо́жно отме́тить Дени́са Абя́зина, Дави́да Беля́вского, Да́рью Спиридо́нову и мно́гих други́х.

В ми́ре спо́рта ва́жное ме́сто занима́ет пла́вание. Ру́сская шко́ла пла́вания воспита́ла мно́гих олимпи́йских чемпио́нов и победи́телей други́х соревнова́ний. В 1980 году́ на Олимпиа́де в Москве́ мировы́е реко́рды ста́вил Влади́мир Са́льников. На Олимпиа́де в Сеу́ле золоты́е меда́ли принесли́ И́горь Поля́нский и Влади́мир Са́льников. Осо́бо сто́ит отме́тить тако́й вид пла́вания, как синхро́нное пла́вание. С 2000 го́да сбо́рная Росси́и на междунаро́дном у́ровне лиди́рует во всех дисципли́нах. Синхрони́сткам Анастаси́и Давы́довой, Ната́лье И́щенко, Светла́не Рома́шиной нет ра́вных в ми́ре.

Увлека́тельным и о́чень популя́рным в ми́ре спо́рта явля́ется те́ннис. Ка́ждый год в Росси́и прохо́дит ва́жный турни́р — Ку́бок Кремля́. Одни́м из пе́рвых просла́вил Росси́ю Евге́ний Ка́фельников, одержа́в побе́ду на Откры́том чемпиона́те Фра́нции. Изве́стны во всём ми́ре А́нна Ку́рникова и Мари́я Шара́пова не то́лько свое́й ма́стерской игро́й на ко́рте, но и же́нской красото́й и обая́нием.

Нельзя́ не вспо́мнить и абсолю́тную рекордсме́нку Еле́ну Исинба́еву, росси́йскую легкоатле́тку, олимпи́йскую чемпио́нку. Она́ выступа́ла в дисципли́не прыжки́ с шесто́м. Ей принадлежи́т реко́рд — 5 ме́тров и 6 сантиме́тров!

Ва́жными собы́тиями в исто́рии спо́рта Росси́и мо́жно назва́ть проведе́ние зи́мних Олимпи́йских игр в Со́чи в 2014 году́ и Чемпиона́та ми́ра по футбо́лу в 2018 году́.

Кро́ме профессиона́льного спо́рта, важне́йшее значе́ние име́ет ма́ссовый спорт. В совреме́нной Росси́и осо́бое внима́ние уделя́ют распростране́нию здоро́вого о́браза жи́зни. Ма́ссовый спорт помога́ет реша́ть вопро́сы здоро́вья на́ции, а та́кже э́то профила́ктика вре́дных привы́чек. На сего́дняшний день ещё мно́гое не сде́лано для разви́тия ма́ссового спо́рта, но по всем города́м Росси́и постоя́нно стро́ятся но́вые футбо́льные поля́, площа́дки для игры́ в баскетбо́л, те́ннисные ко́рты и мно́го други́х спорти́вных объе́ктов.

Зада́ния к те́ксту

I. Вы́учите но́вые слова́ и словосочета́ния.

выно́сливость	耐力(阴)	турни́р	比赛
обая́ние	魅力	корт	网球场
гимнасти́ческий снаря́д	体操器械	во́льное упражне́ние	自由体操
шест	杆	ма́ссовый	群众(性)的
опо́рный прыжо́к	跳马; 鞍马	распростране́ние	分布情况
реко́рд	纪录	профила́ктика	预防
синхро́нный	同步的	дисципли́на	纪律;科目;项目
вре́дная привы́чка	坏习惯		

II. Отве́тьте на вопро́сы.

1. Назови́те ва́жные собы́тия в исто́рии спо́рта в Росси́и.

2. Почему́ в Росси́и в после́днее вре́мя мно́го внима́ния уделя́ют разви́тию ма́ссового спо́рта?

3. В ва́шей стране́ уделя́ют внима́ние разви́тию ма́ссового спо́рта? Е́сли да, то каки́м о́бразом э́то происхо́дит?

III. Запо́лните про́пуски в соотве́тствии с содержа́нием те́кста.

1. Спорти́вная гимна́стика тре́бует необыча́йной си́лы и ________.

2. Сове́тская гимна́стка Лари́са Латы́нина — облада́тельница са́мого большо́го числа́ олимпи́йских ________ за всю исто́рию спорти́вной гимна́стики.

3. В 1980 году́ на Олимпиа́де в Москве́ мировы́е ________ ста́вил Влади́мир Са́льников.

4. А́нна Ку́рникова и Мари́я Шара́пова изве́стны не то́лько свое́й ма́стерской игро́й на ко́рте, но и же́нской красото́й и ________.

5. Еле́на Исинба́ева выступа́ла в дисципли́не прыжки́ с ________.

IV. Соедини́те слова́ и словосочета́ния с их определе́нием, сино́нимом (Табли́ца 4.1).

Табли́ца 4.1

Слова́, словосочета́ния	Определе́ние, сино́ним
реко́рд	куре́ние, алкого́ль, игрома́ния
синхро́нный	многочи́сленный, широ́кий
корт	происходя́щий в одно́ и то же вре́мя
вре́дная привы́чка	наилу́чший результа́т
ма́ссовый	по́ле для игры́ в те́ннис

V. Прочитáйте предложéния. Вы соглáсны с тем, что напи́сано? Éсли нет, то испрáвьте оши́бки.

1. Спорти́вная гимнáстика включáет в себя́ тóлько соревновáния на гимнасти́ческих снаря́дах и вóльные упражнéния.

2. Спорти́вная гимнáстика не вхóдит в прогрáмму Олимпи́йских игр.

3. С 2000 гóда сбóрная Росси́и по синхрóнному плáванию на междунарóдном ýровне лиди́рует во всех дисципли́нах.

4. В Росси́и оди́н раз в два гóда прохóдит вáжный турни́р — Кýбок Кремля́.

5. Мáссовый спорт помогáет решáть вопрóсы здорóвья нáции.

РАЗДÉЛ 2 МАШИНОСТРОÉНИЕ

ТЕХНОЛÓГИИ, ОБОРÝДОВАНИЕ И АВТОМАТИЗÁЦИЯ МАШИНОСТРОЙТЕЛЬНЫХ ПРОИЗВÓДСТВ

Машинострoéние—э́то óтрасль промы́шленности, производя́щая всевозмóжные маши́ны, ору́дия, прибóры, а тáкже предмéты потреблéния и продýкцию оборóнного назначéния. В настоя́щее врéмя производственные предприя́тия испы́тывают óструю потрéбность в квалифици́рованных специали́стах, владéющих совремéнными технолóгиями автоматизи́рованной подготóвки произвóдства и техни́ческими срéдствами для изготовлéния издéлий с испóльзованием автоматизи́рованных произвóдственных систéм.

Дисципли́ны, изучáемые в рáмках прóфиля:

Устрóйства и элемéнты систéм управлéния;

Технологи́ческая информáтика;

Автоматизáция призвóдственных процéссов в машинострoéнии;

Оснóвы компью́терного обеспéчения машинострои́тельного произвóдства;

Экономика и организáция произвóдства;

Норми́рование тóчности и техни́ческие измерéния;

Технолóгия машинострoéния;

САПР технологи́ческих процéссов;

Физи́ческие и тепловы́е явлéния в процéссах формообразовáния;

Металлорéжущие станки́ интегри́рованного произвóдства;

Управлéние произвóдственными систéмами;

Рéжущий инструмéнт;

Проекти́рование машинострои́тельного произвóдства;

Технологи́ческая подготóвка произвóдства на оснóве CAD/CAM систéм;

Технологи́ческая оснáстка;

Метролóгия, стандартизáция и сертификáция;

Безопáсность жизнедéятельности;

Теóрия автомати́ческого управлéния;

Осно́вы техноло́гии машинострое́ния;

Проце́ссы и опера́ции формообразова́ния;

Обору́дование машинострои́тельных произво́дств;

Тео́рия механи́змов и маши́н;

Экономи́ческая тео́рия;

Инструмента́льные систе́мы машинострои́тельных произво́дств;

Проекти́рование и произво́дство загото́вок в машинострои́тельном произво́дстве;

Разме́рный ана́лиз то́чности технологи́ческих проце́ссов и констру́кций;

Гидра́влика;

Теорети́ческая меха́ника;

Электрофизи́ческие и электрохими́ческие ме́тоды разме́рной обрабо́тки загото́вок;

Организа́ция бережли́вого произво́дства в машинострое́нии;

Компью́терное обеспе́чение машинострои́тельного произво́дства;

Исто́рия машинострое́ния;

Осно́вы математи́ческого моделиро́вания;

Ка́чество и надёжность в машинострое́нии;

Исто́рия разви́тия нау́ки о мета́ллах;

Осно́вы физи́ческого материалове́дения;

Информа́тика;

Сопротивле́ние материа́лов;

Осно́вы ме́неджмента и марке́тинга в машинострое́нии;

Статисти́ческие ме́тоды регули́рования и контро́ля ка́чества проду́кции машинострое́ния;

Ме́тоды обеспе́чения ка́чества в машинострое́нии;

Сертифика́ция проду́кции машинострое́ния;

Дета́ли маши́н и осно́вы проекти́рования;

Аппара́тные и програ́ммные сре́дства управле́ния;

Техноло́гия обрабо́тки загото́вок на станка́х с ЧПУ;

Ана́лиз измери́тельных систе́м в машинострое́нии;

Материалове́дение;

Технологи́ческие проце́ссы в машинострое́нии;

Электроте́хника;

Электро́ника;

Правове́дение;

Программи́рование обрабо́тки на станка́х с ЧПУ.

Но́вые слова́

всевозмо́жный	各种各样的
ору́дие	工具
прибо́р	仪器,仪表
предме́т	物体,实物;东西,物品;对象;科目,学科
оборо́нный	防御的,国防的
назначе́ние	用途,功用
предприя́тие	企业
испы́тывать	感觉,感受;试验,试用,考验
потре́бность	需要,需求(阴)
квалифици́рованный	技能熟练的,水平高的,有经验的
владе́ть	掌握,控制,支配
про́филь	专业,专长(阳)
устро́йство	装置,设备
норми́рование	规定标准;定额,规格化
то́чность	准确度,精度,准确性(阴)
измере́ние	测量,测定,计量
металлоре́жущий	金属切削的
ре́жущий	切削的
механи́зм	机械,机器
разме́рный	尺寸的,尺度的,有量度的
гидра́влика	水力学,流体力学
бережли́вый	节约的,节俭的
марке́тинг	市场营销,销售学
аппара́тный	硬件的,仪器的,设备的
измери́тельный	测量的,量度的

Зада́ния к те́ксту

1. Переведи́те сле́дующие словосочета́ния на кита́йский язы́к.

(1) предме́т потребле́ния

(2) испы́тывать о́струю потре́бность в чём

(3) квалифици́рованный специали́ст

(4) в ра́мках про́филя

(5) техни́ческое измере́ние

(6) в проце́ссах формообразова́ния

(7) регули́рование и контро́ль ка́чества проду́кции машинострое́ния

(8) аппара́тные и програ́ммные сре́дства управле́ния

2. Переведи́те сле́дующие словосочета́ния на ру́сский язы́к.

(1) 生产企业

(2) 国防产品

(3) 技术手段

(4) 控制系统的设备和元件

(5) 自动化生产系统

(6) 一体化生产

(7) 经济理论

(8) 统计方法

3. Отве́тьте на сле́дующие вопро́сы по содержа́нию те́кста.

(1) В ра́мках како́й програ́ммы изуча́ются все перечи́сленные в те́ксте дисципли́ны?

(2) Что тако́е машинострое́ние?

(3) Что произво́дят в да́нной о́трасли промы́шленности?

(4) В каки́х специали́стах нужда́ется о́трасль?

(5) Каки́ми на́выками должны́ владе́ть специали́сты, в кото́рых нужда́ется о́трасль?

УРО́К 5

РАЗДЕ́Л 1　ТЕКСТ

ОСО́БЕННОСТИ РУ́ССКОЙ КУ́ХНИ (1)

Ру́сская ку́хня о́чень разнообра́зна. Она́ скла́дывалась на протяже́нии мно́гих веко́в, обогаща́лась за счёт заи́мствований из кулина́рных тради́ций други́х наро́дов.

Традицио́нно на Руси́ пи́ща гото́вилась в печи́, где выде́рживался осо́бый температу́рный режи́м (Рис. 5. 1). Поэ́тому в ру́сской ку́хне распространены́ таки́е спо́собы обрабо́тки проду́ктов, как запека́ние, туше́ние, томле́ние, обжа́ривание на горя́чей сковороде́ в большо́м коли́честве ма́сла.

Рис. 5. 1　Ру́сская печь

Осно́ву пита́ния ру́сского наро́да составля́ли зла́ки (пшени́ца, рожь, овёс, рис, кукуру́за, гре́чка) и о́вощи — от легенда́рной ре́пы до ре́дьки, свёклы и капу́сты. В XVIII ве́ке в Росси́и был повсеме́стно внедрён карто́фель, кото́рый вско́ре потесни́л все остальны́е о́вощи.

Одна́ из осо́бенностей традицио́нной ру́сской ку́хни — в том, что в былы́е времена́ о́вощи практи́чески не ре́зались и не сме́шивались друг с дру́гом.

Пожа́луй, ни в одно́й ку́хне ми́ра нет тако́го разнообра́зия супо́в: щи, уха́, окро́шка, борщ, свеко́льник (Рис. 5. 2). Хотя́, заме́тим, сло́ва "суп" до XVIII ве́ка не́ было на Руси́, вме́сто э́того лю́ди говори́ли "похлёбка".

По тради́ции в ру́сской ку́хне испо́льзовалось не то́лько мя́со дома́шних живо́тных и птиц (говя́дина, свини́на, бара́нина, ку́рица), но и разнообра́зная дичь: медвежа́тина, олени́на, мя́со перепёлки, куропа́тки, глухаря́, те́терева. Среди́ ру́сских мясны́х блюд — бужени́на, холоде́ц (сту́день), фарширо́ванный поросёнок.

В ру́сской ку́хне о́чень сильна́ тради́ция ры́бных блюд, причём в пи́щу употребля́лась то́лько речна́я ры́ба. Одни́м из наибо́лее популя́рных спо́собов кулина́рной обрабо́тки ры́бы был ры́бник — запека́ние ры́бы целико́м в те́сте.

Рис. 5. 2 Ру́сские супы́

Ру́сскую кулина́рную тради́цию невозмо́жно предста́вить без разнообра́зной вы́печки. Э́то пря́ники, пы́шки, ватру́шки, су́шки, пироги́ и пирожки́ с разнообра́зными начи́нками: от ры́бы, мя́са, я́блок, грибо́в до ви́шни, ежеви́ки, мали́ны — перечисля́ть мо́жно до бесконе́чности (Рис. 5. 3). Среди́ други́х мучны́х блюд — пельме́ни, блины́ и ола́дьи.

Рис. 5. 3 Ру́сский пиро́г

Ру́сскую ку́хню невозмо́жно предста́вить и без моло́чных блюд: тво́рога (до XVIII ве́ка его́ называ́ли сы́ром), простокваши, смета́ны и творо́жных запека́нок.

Вели́к в Росси́и и вы́бор традицио́нных напи́тков: морс, кисе́ль, квас, рассо́л, ки́слый лесно́й чай (э́то то, что сейча́с называ́ют фиточа́ем), пи́во и, коне́чно же, во́дка и разнообра́зные насто́йки на ней.

Зада́ния к те́ксту

I. Вы́учите но́вые слова́ и словосочета́ния.

скла́дываться	定型
обогаща́ться	丰富
заи́мствование	借用
запека́ние	烘焙
туше́ние	炖
томле́ние	焖烧
сковорода́	煎锅
зла́ки	谷物
пшени́ца	小麦
рожь	黑麦(阴)
овёс	燕麦
рис	大米
кукуру́за	玉米
гре́чка	荞麦
ре́па	芜菁
ре́дька	萝卜
свёкла	甜菜
капу́ста	卷心菜
внедри́ть	推广,采用
карто́фель	马铃薯, 土豆(阳)
потесни́ть	挤
ре́заться	切
суп	汤
щи	菜汤
уха́	鱼汤
окро́шка	冷杂拌汤
борщ	红菜汤
свеко́льник	甜菜汤
мя́со	肉类
говя́дина	牛肉
свини́на	猪肉
бара́нина	羊肉
ку́рица	鸡肉

дичь	野味(阴)
медвежа́тина	熊肉
олени́на	鹿肉
мя́со перепёлки	鹌鹑肉
мясо куропа́тки	鹧鸪肉
мясо глухаря́	松鸡肉
мясо те́терева	黑琴鸡肉
бужени́на	炖猪肉
холоде́ц (сту́день)	肉冻
фарширо́ванный поросёнок	带馅的酿乳猪
те́сто	面团
вы́печка	烘焙产品
пря́ник	姜饼
пы́шка	甜甜圈
ватру́шка	奶渣饼
су́шка	小面包圈
пиро́г	大馅饼
пирожо́к	小馅饼
я́года	浆果
ви́шня	樱桃
ежеви́ка	黑莓
мали́на	树莓
бесконе́чность	无限性(阴)
мучно́е блю́до	面食
моло́чное блю́до	牛奶制品
тво́рог	奶渣
простоква́ша	酸奶
смета́на	酸奶油
творо́жная запека́нка	白干酪
напи́ток	饮料
морс	果汁
кисе́ль	果子羹(阳)
квас	格瓦斯
рассо́л	盐水

II. Отве́тьте на вопро́сы.

А.

1. Каки́е спо́собы обрабо́тки проду́ктов распространены́ на террито́рии Росси́и? Почему́?

2. Каки́е проду́кты составля́ли осно́ву ку́хни на Руси́?

3. Мя́со каки́х живо́тных е́ли в Росси́и?

4. Без чего́, на ваш взгляд, невозмо́жно предста́вить ру́сскую ку́хню?

Б.

1. Каки́е спо́собы обрабо́тки проду́ктов распространены́ в ва́шей стране́?

2. Каки́е проду́кты составля́ют осно́ву ку́хни ва́шей страны́?

3. Вы еди́те мя́со? Вы пьёте моло́чные напи́тки?

III. Запо́лните про́пуски в соотве́тствии с содержа́нием те́кста.

1. Ру́сская ку́хня ________ на протяже́нии мно́гих веко́в.

2. Традицио́нно на Руси́ пи́ща гото́вилась в ________.

3. В XVIII ве́ке в Росси́и был повсеме́стно внедрён карто́фель, кото́рый вско́ре ________ все остальны́е о́вощи.

4. Пельме́ни, блины́ и ола́дьи —э́то ________ блю́да.

5. Творо́г до XVIII ве́ка называ́ли ________.

IV. Соедини́те слова́ и словосочета́ния с их определе́нием, сино́нимом (Табли́ца 5.1).

Табли́ца 5.1

Слова́ и словосочета́ния	Определе́ние, сино́ним
зла́ки	ре́па, ре́дька, свёкла, капу́ста, карто́фель
о́вощи	квас, кисе́ль, морс
супы́	пшени́ца, рожь, овёс, рис, кукуру́за, гре́чка
мя́со дома́шних живо́тных и птиц	блю́да из муки́: пельме́ни, блины́, ола́дьи
дичь	говя́дина, свини́на, бара́нина, ку́рица
мучны́е блю́да	щи, уха́, окро́шка, борщ, свеко́льник
напи́тки	медвежа́тина, олени́на, мя́со перепёлки, куропа́тки, глухаря́, те́терева

V. Прочита́йте предложе́ния. Вы согла́сны с тем, что напи́сано? Е́сли нет, то испра́вьте оши́бки.

1. Ру́сская ку́хня уника́льная: в ней нет заи́мствований из ку́хонь други́х наро́дов.

2. Осно́ву пита́ния ру́сского наро́да составля́ли зла́ки и о́вощи.

3. Одна́ из осо́бенностей традицио́нной ру́сской ку́хни — в том, что в было́е време-

на́ о́вощи всегда́ ре́зались и сме́шивались друг с дру́гом.

4. В пи́щу в Росси́и употребля́лась то́лько речна́я ры́ба.

5. В Росси́и ма́ло традицио́нных напи́тков.

РАЗДЕ́Л 2　РЕ́ЛЬСОВЫЙ ТРА́НСПОРТ

ТЕКСТ 1　СТРОИ́ТЕЛЬСТВО И ВОССТАНОВЛЕ́НИЕ РАБО́ТЫ УСТРО́ЙСТВ АВТОМА́ТИКИ, ТЕЛЕМЕХА́НИКИ И СВЯ́ЗИ НА ЖЕЛЕ́ЗНЫХ ДОРО́ГАХ

Устро́йства железнодоро́жной автома́тики и телемеха́ники явля́ются осно́вой для обеспе́чения за́данного у́ровня пропускно́й и провозно́й спосо́бности желе́зных доро́г.

Под устро́йствами железнодоро́жной автома́тики и телемеха́ники (ЖАТ) понима́ются техни́ческие сре́дства автоматиза́ции управле́ния проце́ссами железнодоро́жных перево́зок, обеспе́чивающие безопа́сность движе́ния поездо́в и за́данную пропускну́ю и перераба́тывающую спосо́бность. В устро́йства железнодоро́жной автома́тики и телемеха́ники вхо́дят таки́е устро́йства и систе́мы, обеспе́чивающие интерва́льное регули́рование движе́нием поездо́в на ста́нциях и перего́нах, как:

автомати́ческая и полуавтомати́ческая блокиро́вка (АБ);
электри́ческая централиза́ция стре́лок и светофо́ров (ЭЦ);
автомати́ческая локомоти́вная сигнализа́ция (АЛС);
устро́йства контро́ля схо́да подвижно́го соста́ва (УКСПС);
диспе́тчерская централиза́ция и диспе́тчерский контро́ль (ДЦ, ДК);
друго́е.

Но́вые слова́

автома́тика	自动装置	автомати́ческий	自动的,自动化的
телемеха́ника	遥控力学	пропускно́й	承载的;通过的;通行的
полуавтомати́ческий	半自动的	блокиро́вка	闭塞系统
провозно́й	运输的	централиза́ция	集中联锁(装置)
автоматиза́ция	自动化	стре́лка	道岔; 指针
перево́зка	运输	светофо́р	交通信号灯
перераба́тывающий	加工的	локомоти́вный	机车的
интерва́льный	间隔的	сигнализа́ция	信号系统,信号
регули́рование	调节	контро́ль	检测,监督,控制(阳)
перего́н	区间	сход	脱离

Зада́ния к те́ксту

1. Переведи́те сле́дующие словосочета́ния на кита́йский язы́к.

(1) устро́йство железнодоро́жной автома́тики и телемеха́ники

(2) безопа́сность движе́ния поездо́в

(3) пропускна́я и перераба́тывающая спосо́бность

(4) интерва́льное регули́рование

(5) электри́ческая централиза́ция стрело́к и светофо́ров

(6) устро́йство контро́ля схо́да подвижно́го соста́ва (УКСПС)

(7) диспе́тчерская централиза́ция

2. Переведи́те сле́дующие словосочета́ния на ру́сский язы́к.

(1) 铁路吞吐量

(2) 给定水平

(3) 铁路运输

(4) 自动机车信号

(5) 自动闭塞

(6) 半自动闭塞

(7) 调度控制

3. Соста́вьте предложе́ния, испо́льзуя сле́дующие но́вые слова́.

(1) понима́ться под чем

(2) таки́е как

4. Отве́тьте на сле́дующие вопро́сы по содержа́нию те́кста.

(1) Что счита́ется осно́вой для обеспе́чения за́данного у́ровня пропускно́й и провозно́й спосо́бности желе́зных доро́г?

(2) Что понима́ется под устро́йствами железнодоро́жной автома́тики и телемеха́ники?

(3) Что вхо́дит в устро́йства железнодоро́жной автома́тики и телемеха́ники?

ТЕКСТ 2 АВТОМА́ТИКА И ТЕЛЕМЕХА́НИКА НА ЖЕЛЕЗНОДОРО́ЖНОМ ТРА́НСПОРТЕ

Железнодоро́жная автома́тика и телемеха́ника — о́трасль те́хники, реша́ющая зада́чи регули́рования и обеспе́чения безопа́сности движе́ния поездо́в ме́тодами и сре́дствами автомати́ческого и телемехани́ческого управле́ния. К основны́м элеме́нтам техни́ческих средств железнодоро́жной автома́тики и телемеха́ники отно́сятся сооруже́ния и устро́йства сигнализа́ции, централиза́ции и блокиро́вки (СЦБ), в соста́в кото́рых вхо́дят путева́я блокиро́вка, электрожезлова́я систе́ма, централиза́ция стре́лок и сигна́лов, устро́йства автома́тики и телемеха́ники сортиро́вочных го́рок, автомати́ческая регулиро́вка движе́ния поездо́в, диспе́тчерская централиза́ция, автомати́ческий диспе́тчерский контро́ль движе́ния поездо́в и огражда́ющие устройства на железнодоро́жных перее́здах.

Но́вые слова́

элеме́нт	元件,构件,部件
относи́ться к кому́/чему́	属于,列入
путево́й	线路的
электрожезлово́й	电气路签的
сортиро́вочный	编组的;分类的
го́рка	驼峰调车场, 驼峰编组场
регулиро́вка	调节,控制
перее́зд	道口

Зада́ния к те́ксту

1. Переведи́те сле́дующие словосочета́ния на кита́йский язы́к.

(1) железнодоро́жная автома́тика и телемеха́ника

(2) телемехани́ческое управле́ние

(3) техни́ческое сре́дство

(4) основно́й элеме́нт

(5) сооруже́ние сигнализа́ции

(6) устро́йство сигнализа́ции, централиза́ции и блокиро́вки (СЦБ)

(7) централиза́ция стре́лок и сигна́лов

2. Переведи́те сле́дующие словосочета́ния на ру́сский язы́к.

(1) 自动控制

(2) 保障铁路交通安全

(3) 路径阻塞

(4) 驼峰编组场

(5) 电气路签系统

(6) 列车运行的自动化控制

3. Соста́вьте предложе́ния, испо́льзуя сле́дующие но́вые слова́.

(1) относи́ться к кому́/чему́

(2) входи́ть в соста́в чего́

4. Отве́тьте на сле́дующие вопро́сы по содержа́нию те́кста.

(1) Каки́е зада́чи реша́ют железнодоро́жная автома́тика и телемеха́ника?

(2) Каки́е ме́тоды и сре́дства испо́льзуются для реше́ния э́тих зада́ч?

(3) Что отно́сится к основны́м элеме́нтам техни́ческих средств железнодоро́жной автома́тики и телемеха́ники?

(4) Что вхо́дит в соста́в сооруже́ний и устро́йств сигнализа́ции, централиза́ции и

блокиро́вки?

ТЕКСТ 3 ПОНЯ́ТИЕ СТА́НЦИИ

По усло́виям безопа́сности движе́ния и повыше́ния пропускно́й спосо́бности железнодоро́жные ли́нии де́лятся на отде́льные ча́сти, на грани́цах кото́рых размеща́ются так называ́емые разде́льные пу́нкты. К ним отно́сятся:

— разъе́зды;

— обго́нные пу́нкты;

— ста́нции;

— путевы́е посты́;

— проходны́е светофо́ры при автоблокиро́вке;

— обозна́ченные грани́цы блок-уча́стков при автомати́ческой локомоти́вной сигнализа́ции.

Ста́нциями называ́ются разде́льные пу́нкты, на кото́рых поми́мо обго́на и скреще́ния поездо́в произво́дятся опера́ции по их приёму и отправле́нию, погру́зка и вы́грузка гру́зов, приём и вы́дача их клиенту́ре, обслу́живание пассажи́ров, а при соотве́тствующем путево́м разви́тии — расформирова́ние и формирова́ние поездо́в, техни́ческое обслу́живание и ремо́нт локомоти́вов и ваго́нов.

По назначе́нию и хара́ктеру рабо́ты ста́нции подразделя́ются на:

— промежу́точные;

— участко́вые;

— сортиро́вочные;

— пассажи́рские;

— грузовы́е.

В зави́симости от объёма рабо́т на:

— внекла́ссные, име́ющие большо́й объём рабо́ты и высо́кий у́ровень техни́ческого оснаще́ния;

— ста́нции I, II, III, IV и V кла́ссов.

Ста́нции, к кото́рым примыка́ет не ме́нее трёх магистра́льных направле́ний, называ́ются узловы́ми.

Основны́м отли́чием промежу́точной ста́нции от разъе́здов и обго́нных пу́нктов явля́ется нали́чие на ней устро́йств, предназна́ченных для грузовы́х опера́ций (погру́зочно-вы́грузочные пути́, нава́лочные площа́дки, скла́ды).

Характе́рным для участко́вых ста́нций явля́ется размеще́ние на них устро́йств, испо́льзуемых для техни́ческого обслу́живания и депо́вского ремо́нта локомоти́вов и ваго́нов, а та́кже нали́чие сортиро́вочных па́рков для расформирова́ния и формирова́ния поездо́в. При большо́м объёме тако́й рабо́ты создаю́тся сортиро́вочные ста́нции, обору́дованные в большинстве́ слу́чаев го́рками для испо́льзования си́лы тя́жести при ро́спуске соста́вов.

Таки́м о́бразом, ста́нции позволя́ют выполня́ть техни́ческие, грузовы́е, комме́рческие и пассажи́рские опера́ции.

Но́вые слова́

безопа́сность	安全(性)(阴)
пропускно́й	通行的,通过的
железнодоро́жная ли́ния	铁路(线)
дели́ться	划分,分类
размеща́ться	分别安置在
так называ́емый	所谓的
разде́льный пункт	分界点
разъе́зд	会让站
обго́нный пункт	越行站
путево́й пост	线路所
проходно́й светофо́р	通行色灯信号机
автоблокиро́вка	自动闭塞(装置)
обозна́ченный	被标记的
блок-уча́сток	闭塞区段
локомоти́вная автомати́ческая сигнализа́ция	机车自动信号装置
поми́мо чего́	除……之外,不顾,不经过
обго́н	越行; 超车(汽车运输)
скреще́ние	错车,会车;交叉点,岔道
приём	接车,到车;接待,招待
отправле́ние	发车
погру́зка	装载,装运
вы́грузка	卸载,卸货
груз	(运输的)货物
вы́дача	交付, 支付;付出款项
клиенту́ра	顾客,客户
обслу́живание	服务
пассажи́р	乘客
расформирова́ние	(列车)解体
формирова́ние	编组(列车)
техни́ческое обслу́живание	技术维护,技术保养

ремóнт	维修
локомотúв	机车,火车头
вагóн	车厢
промежýточная стáнция	中间站
участкóвая стáнция	区段站
сортирóвочная стáнция	编组站
пассажúрская стáнция	客运站
грузовáя стáнция	货运站
технúческое оснащéние	技术装备,硬件
примыкáть к чемý	紧挨,衔接,连接
магистрáльный	干线的
узловóй	枢纽的;中心(站)的
предназнáченный	预定的,指定的;预定供……用的
грузовáя оперáция	货运业务
погрýзочно-вы́грузочный путь	装卸线
навáлочная площáдка	堆货场
склад	仓库, 储藏库, 库房, 存储场
размещéние	配置, 配备; 布置, 分布; 布局
устрóйство	(常用复数)装置;设备,机器,仪器
депóвский ремóнт	段修
сортирóвочный парк	编组场
оборýдованный	安装好的,已安装的
в большинствé слýчаев	在大多数场合,通常是,多半是
сúла тя́жести	重力,引力
рóспуск	分解,解体
состáв	列车
коммéрческий	商业的

Задáния к тéксту

1. Отвéтьте на слéдующие вопрóсы по содержáнию тéкста.
   (1) По какóй причúне железнодорóжные лúнии дéлятся на отдéльные чáсти?
   (2) Назовúте вúды раздéльных пýнктов.
   (3) Какúе оперáции выполня́ют стáнции?
   (4) Какúе стáнции называ́ются узловы́ми?
   (5) Чем оборýдованы сортирóвочные стáнции?
2. Состáвьте предложéния со слéдующими словáми.
   (1) безопáсность = защúта, сохрáнность (синóнимы)

（2）грани́ца = край，коне́ц（сино́нимы）

（3）обго́н

（4）погру́зка⇔вы́грузка（анто́нимы）

（5）приём⇔вы́дача（анто́нимы）

（6）магистра́льный = гла́вный，центра́льный（сино́нимы）

（7）предназна́ченный/предназна́чен для чего́

3. Переведи́те сле́дующие словосочета́ния на кита́йский язы́к.

（1）пропускна́я спосо́бность

（2）железнодоро́жная ли́ния

（3）разде́льный пункт

（4）техни́ческое обслу́живание

（5）техни́ческое оснаще́ние

（6）узлова́я ста́нция

（7）си́ла тя́жести

УРО́К 6

РАЗДЕ́Л 1　ТЕКСТ

ОСО́БЕННОСТИ РУ́ССКОЙ КУ́ХНИ (2)

За́втрак ру́сского челове́ка обы́чно включа́ет ка́шу, сва́ренную на молоке́, бутербро́д с колбасо́й и́ли сы́ром. Та́кже популя́рны я́йца в любо́м ви́де (варёные, омле́т и́ли яи́чница), блины́ и тво́рог (Рис. 6. 1). Чай в Росси́и всё ещё бо́лее популя́рен, чем ко́фе.

Рис. 6. 1　Блины́ и творо́г

Традицио́нный ру́сский обе́д состои́т из трёх блюд: горя́чего су́па, мясно́го и́ли ры́бного второ́го с гарни́ром из крупы́ и́ли карто́феля и сла́дкого напи́тка: киселя́, мо́рса, компо́та и́ли фрукто́вого со́ка. На заку́ску традицио́нно подаю́т кабачко́вую икру́, сельдь под шу́бой, марино́ванные о́вощи из своего́ огоро́да, арома́тную ква́шеную капу́сту и сала́ты, запра́вленные смета́ной, майоне́зом и́ли подсо́лнечным ма́слом.

В сове́тское вре́мя ста́ли популя́рны столо́вые и буфе́ты, кото́рых бы́ло доста́точно мно́го по всей стране́. Гла́вной зада́чей их бы́ло бы́стро и сы́тно накорми́ть рабо́чего челове́ка, что́бы он сно́ва мог пойти́ труди́ться. И пусть еда́ и се́рвис там бы́ли не рестора́нного у́ровня, но до сих пор мно́гие с ностальги́ей вспомина́ют заводски́е и́ли студе́нческие столо́вые. На пе́рвое — суп, на второ́е — карто́фельное пюре́ с котле́той (Рис. 6. 2), а на десе́рт — компо́т из сухофру́ктов. Таки́м был приме́рный обе́д в любо́й сове́тской столо́вой. А в буфе́те мо́жно бы́ло бы́стро перекуси́ть, купи́в пирожо́к и́ли моро́женое. Сего́дня в Росси́и то́же мо́жно найти́ столо́вые и буфе́ты, где всё ещё де́йствует "сове́тская" систе́ма обще́ственного пита́ния с ко́мплексными обе́дами.

Рис. 6.2 Карто́фельное пюре́ с котле́той

На́до сказа́ть, что таки́е столо́вые по́льзуются большо́й популя́рностью у иностра́нных тури́стов. Наприме́р, "Столо́вая № 57" в Моско́вском ГУМе — в са́мом се́рдце столи́цы. Здесь с любо́вью и со зна́нием де́ла гото́вят борщ и пельме́ни, оливье́ и селёдку под шу́бой, сла́дкие пироги́. Други́м популя́рным ме́стом у тури́стов и госте́й столи́цы по пра́ву счита́ется кафе́ "Му-му". Кафе́ мо́жно найти́ в са́мых популя́рных туристи́ческих райо́нах: на Арба́те, у Кра́сной пло́щади и в други́х истори́ческих це́нтрах.

В настоя́щее вре́мя всё бо́лее актуа́льными стано́вятся рестора́ны бы́строго пита́ния, и́ли фастфу́ды, ведь у совреме́нного челове́ка о́чень ма́ло свобо́дного вре́мени. А и́менно в таки́х рестора́нах есть возмо́жность бы́стро и недо́рого пое́сть. На террито́рии Росси́и де́йствуют се́ти рестора́нов бы́строго пита́ния "Теремо́к" "Матрёшка" "Кро́шка-карто́шка".

Зада́ния к те́ксту

I. Вы́учите но́вые слова́ и словосочета́ния.

ка́ша	粥	огоро́д	菜园
колбаса́	香肠	ква́шеный	渍酸的,发酸的
омле́т	煎蛋饼	запра́вленный	加了……的
яи́чница	煎蛋	майоне́з	蛋黄酱
гарни́р	配菜	буфе́т	小吃店

крупá	(各种粮食作物的)米,粒,仁	сы́тно	吃得饱
закýска	小吃;冷盘	ностальги́я	怀旧
кабачкóвая икрá	西葫芦鱼子酱	перекуси́ть	吃一点
маринóванный	醋渍的		

II. Отвéтьте на вопрóсы.

А.

1. Что обы́чно едя́т рýсские на зáвтрак?
2. Из чегó состои́т обéд рýсского человéка?
3. Каки́е местá для приёма пи́щи стáли популя́рны в совéтское врéмя? Почемý?
4. Каки́е местá для приёма пи́щи популя́рны сейчáс в Росси́и? Вы там бы́ли?

Б.

1. Что обы́чно едя́т на зáвтрак в вáшей странé? А на обéд?
2. Где обы́чно едя́т в вáшей странé?

III. Запóлните прóпуски в соответ́ствии с содержáнием тéкста.

1. Зáвтрак рýсского человéка обы́чно включáет кáшу, свáренную на ________, бутербрóд с колбасóй и́ли сы́ром.
2. На ________ традициóнно подаю́т кабачкóвую икрý, сельдь под шýбой, маринóванные óвощи, аромáтную квáшеную капýсту и салáты, заправленные сметáной, майонéзом и́ли подсóлнечным мáслом.
3. Мнóгие с ________ вспоминáют заводски́е и́ли студéнческие столóвые.
4. В буфéте мóжно бы́ло бы́стро ________, купи́в пирожóк и́ли морóженое.
5. В столовóй в ГУ́Ме с ________ и со знáнием дéла готóвят борщ и пельмéни, оливьé и селёдку под шýбой, слáдкие пироги́.

IV. Соедини́те словá и словосочетáния с их определéнием, синóнимом(Табли́ца 6.1).

Табли́ца 6.1

Словá и словосочетáния	Определéние, синóним
закýска	мнóго, достáточно поéсть
сельдь под шýбой	мéсто, где мóжно бы́стро перекуси́ть
фастфýд	обы́чно холóдное блю́до, котóрое подаю́т до основнóго блю́да
буфéт	ресторáны бы́строго питáния
сы́тно	салáт из ры́бы со свёклой

V. Прочитáйте предложéния. Вы соглáсны с тем, что напи́сано? Éсли нет, то испрáвьте оши́бки.

1. На зáвтрак рýсские лю́ди едя́т суп.

2. Традицио́нный ру́сский обе́д состои́т из трёх блюд.

3. В сове́тское вре́мя ста́ли популя́рны рестора́ны, кото́рых бы́ло доста́точно мно́го по всей стране́.

4. Иностра́нные тури́сты не хо́дят в столо́вые.

5. В настоя́щее вре́мя всё бо́лее актуа́льными стано́вятся рестора́ны бы́строго пита́ния, так как у совреме́нного челове́ка о́чень ма́ло свобо́дного вре́мени.

РАЗДЕ́Л 2 РЕ́ЛЬСОВЫЙ ТРА́НСПОРТ

ТЕКСТ 1 СТАНЦИО́ННЫЕ СИСТЕ́МЫ ЖЕЛЕЗНОДОРО́ЖНОЙ АВТОМА́ТИКИ

Станцио́нные систе́мы автома́тики и телемеха́ники слу́жат для обеспе́чения безопа́сности и созда́ния усло́вий для наилу́чшего регули́рования движе́ния поездо́в.

Все ви́ды рабо́т на ста́нциях осуществля́ются при по́мощи станцио́нных систе́м автома́тики и телемеха́ники, кото́рые позволя́ют:

— подгото́вить путь сле́дования по́езду в преде́лах ста́нции с устано́вкой и замыка́нием стре́лок в тре́буемом положе́нии и откры́тием соотве́тствующего сигна́ла (устано́вка маршру́та);

— закры́ть сигна́л и разомкну́ть стре́лки по́сле просле́дования по́езда для устано́вки сле́дующего маршру́та.

Одни́м из основны́х ви́дов станцио́нных систе́м железнодоро́жной автома́тики явля́ется централиза́ция стре́лок и сигна́лов.

Централиза́ция представля́ет собо́й устро́йства для управле́ния из одного́ пу́нкта (поста́ централиза́ции) все́ми стре́лками и сигна́лами, располо́женными на ста́нции.

На посту́ устана́вливается аппара́т управле́ния, содержа́щий набо́р о́рганов управле́ния в ви́де кно́пок, рукоя́ток и́ли рычаго́в, кото́рые тем и́ли ины́м спо́собом свя́заны с соотве́тствующими объе́ктами (стре́лки, светофо́ры). Переключе́ние управля́ющего о́ргана на аппара́те влечёт за собо́й перево́д стре́лки и́ли измене́ние сигна́льного показа́ния на светофо́ре.

Но́вые слова́

станцио́нная систе́ма	车站系统
автома́тика	自动装置；自动学，自动化技术
телемеха́ника	遥控技术，远距离操纵装置
движе́ние	通行，交通
путь сле́дования	行进路线
устано́вка	设置

замыка́ние	封闭
маршру́т	路线
разомкну́ть	打开,断开
просле́дование	通过; 驶往; 开出; 进入
централиза́ция	(铁路中心站)道岔和信号控制系统
пост	信号所, 信号楼, (双线的)信号站
устана́вливаться	设置,安装
набо́р	一套,一组
кно́пка	按钮
рукоя́тка	把手, 摇杆
рыча́г	杠杆;摇臂;手柄
влечь за собо́й	引起; 招致; 结果是

Зада́ния к те́ксту

1. Отве́тьте на сле́дующие вопро́сы по содержа́нию те́кста.

(1) Для чего́ слу́жат станцио́нные систе́мы автома́тики и телемеха́ники?

(2) Что позволя́ют сде́лать станцио́нные систе́мы автома́тики и телемеха́ники?

(3) Назови́те оди́н из основны́х ви́дов станцио́нных систе́м железнодоро́жной автома́тики.

(4) Что включа́ет в себя́ аппара́т управле́ния?

2. Соста́вьте предложе́ния со сле́дующими слова́ми.

(1) служи́ть для чего́

(2) осуществля́ться при по́мощи чего́

(3) замкну́ть⇔разомкну́ть (анто́нимы)

(4) влечь/повле́чь за собо́й что

3. Переведи́те сле́дующие словосочета́ния на кита́йский язы́к.

(1) станцио́нная систе́ма

(2) обеспе́чение безопа́сности

(3) регули́рование движе́ния

(4) устано́вка маршру́та

(5) аппара́т управле́ния

ТЕКСТ 2　МАРШРУ́Т

Маршру́том называ́ется часть путево́го разви́тия ста́нции, подгото́вленная для сле́дования подвижно́го соста́ва от нача́ла э́того путево́го разви́тия до его́ конца́.

Нача́лом маршру́та явля́ется разреша́ющее (откры́тое) показа́ние соотве́тствующего светофо́ра (входно́й, выходно́й, маршру́тный и́ли маневро́вый), а концо́м — элеме́нт путево́го разви́тия ста́нции и́ли перего́на в зави́симости от катего́рии маршру́та.

Различа́ют поездны́е и маневро́вые маршру́ты, причём среди́ поездны́х маршру́тов выделя́ют маршру́ты приёма, переда́чи и отправле́ния.

Маршру́том приёма называ́ется часть путево́го разви́тия ста́нции, обеспе́чивающая передвиже́ние по́езда с перего́на на гла́вный и́ли приёмо-отпра́вочный путь ста́нции.

Нача́лом маршру́та приёма явля́ется откры́тый входно́й светофо́р, а концо́м — приёмо-отпра́вочный путь ста́нции.

Маршру́том переда́чи называ́ется часть путево́го разви́тия ста́нции, подгото́вленная для передвиже́ния по́езда с приёмо-отпра́вочного пути́ одного́ па́рка ста́нции на приёмо-отпра́вочный путь друго́го па́рка э́той же ста́нции.

Нача́лом маршру́та переда́чи явля́ется разреша́ющее показа́ние маршру́тного светофо́ра, а концо́м — приёмо-отпра́вочный путь па́рка назначе́ния.

Маршру́том отправле́ния называ́ется часть путево́го разви́тия ста́нции, подгото́вленная для передвиже́ния по́езда с приёмо-отпра́вочного пути́ ста́нции на перего́нный путь.

Нача́лом маршру́та отправле́ния явля́ется выходно́й светофо́р, а концо́м — пе́рвый блок-уча́сток при автоблокиро́вке, и́ли весь перего́н до сле́дующей ста́нции и́ли до блок-поста́ при полуавтомати́ческой блокиро́вке.

Но́вые слова́

путево́е разви́тие	配线
пропускно́й	通行的,通过的
подвижно́й	灵活的,活动的
разреша́ющий	允许的,许可的
входно́й	输入的
выходно́й	输出的
маршру́тный	直达的
маневро́вый	调车的
перего́н	区间
переда́ча	运送,装卸
отправле́ние	出发
обеспе́чивающий	被保障的, 提供服务的
передвиже́ние	移动,调动
приёмо-отпра́вочный путь	到发线
перего́нный путь	区间路线
полуавтомати́ческая блокиро́вка	半自动闭塞(装置)

Зада́ния к те́ксту

1. Отве́тьте на сле́дующие вопро́сы по содержа́нию те́кста.
    (1) Что называ́ется маршру́том?
    (2) Что явля́ется нача́лом маршру́та и его́ концо́м?
    (3) Опиши́те маршру́ты приёма, переда́чи и отправле́ния.
2. Соста́вьте предложе́ния со сле́дующими слова́ми.
    (1) подгото́вленный/подгото́влен для чего́
    (2) нача́ло⇔коне́ц (анто́нимы)
    (3) разреша́ющий⇔запреща́ющий (анто́нимы)
    (4) приём⇔переда́ча (анто́нимы)
3. Переведи́те сле́дующие словосочета́ния на кита́йский язы́к.
    (1) путево́е разви́тие ста́нции
    (2) подвижно́й соста́в
    (3) приёмо-отпра́вочный путь
    (4) перего́нный путь
    (5) полуавтомати́ческая блокиро́вка

ТЕКСТ 3　МИКРОПРОЦЕ́ССОР

Микропроце́ссор — програ́ммно-управля́емое электро́нное устро́йство, предназна́ченное для обрабо́тки цифрово́й информа́ции и управле́ния проце́ссом э́той обрабо́тки, вы́полненное в ви́де интегра́льной микросхе́мы. Пе́рвый микропроце́ссор был вы́пущен в 1971 году́, микросхе́ма включа́ла 2 300 транзи́сторов.

Основны́м отли́чием микропроце́ссора от всех остальны́х устро́йств явля́ется то, что для его́ рабо́ты необходи́ма управля́ющая програ́мма, кото́рая представля́ет собо́й после́довательность кома́нд. В оди́н моме́нт вре́мени микропроце́ссор мо́жет выполня́ть то́лько одну́ кома́нду, т. е. кома́нды выполня́ются после́довательно во вре́мени.

Микропроце́ссор выполня́ет обрабо́тку информа́ции и управле́ние проце́ссом э́той обрабо́тки. Для взаимоде́йствия с вне́шним ми́ром, хране́ния промежу́точных результа́тов обрабо́тки и хране́ния програ́ммы микропроце́ссору тре́буется подключе́ние специа́льных устро́йств. Устро́йства вме́сте с микропроце́ссором образу́ют микропроце́ссорную систе́му. В минима́льном вариа́нте микропроце́ссорная систе́ма, кро́ме проце́ссора, должна́ содержа́ть постоя́нное запомина́ющее устро́йство (ПЗУ—ROM, Read Only Memory), операти́вное запомина́ющее устро́йство (ОЗУ—RAM, Random Access Memory), устро́йства переда́чи возде́йствий к объе́кту управле́ния (порты́ вы́вода) и устро́йства получе́ния информа́ции от вне́шних устро́йств (порты́ вво́да).

Но́вые слова́

микропроце́ссор	微处理器
програ́ммно-управля́емый	程序控制的
электро́нное устро́йство	电子仪器
обрабо́тка	处理
цифрова́я информа́ция	数字信息
управле́ние	控制，操纵
интегра́льная микросхе́ма	集成电路
вы́пустить	生产，制造
транзи́стор	晶体管
управля́ющая програ́мма	控制程序；监控程序
после́довательность	次序；序列（阴）
кома́нда	指令
взаимоде́йствие	相互作用
вне́шний мир	外界
хране́ние	存储，保存
промежу́точный	中间的
подключе́ние	接通，接入，连接
микропроце́ссорная систе́ма	微处理器系统
ПЗУ（постоя́нное запомина́ющее устро́йство）	只读存储器
ОЗУ（операти́вное запомина́ющее устро́йство）	随机存储器
порт вы́вода	输出端口
порт вво́да	输入端口

Зада́ния к те́ксту

1. Отве́тьте на сле́дующие вопро́сы по содержа́нию те́кста.
   （1）Что тако́е микропроце́ссор?
   （2）Назови́те основно́е отли́чие микропроце́ссора от други́х электро́нных устро́йств.
   （3）Для чего́ слу́жит микропроце́ссор?
   （4）Из чего́ состои́т микропроце́ссорная систе́ма?
2. Соста́вьте предложе́ния со сле́дующими слова́ми.
   （1）электро́нное устро́йство
   （2）обрабо́тка информа́ции
   （3）после́довательно = поэта́пно（сино́нимы）
   （4）вне́шний⇔вну́тренний（анто́нимы）
   （5）промежу́точный⇔коне́чный（анто́нимы）

3. Переведи́те сле́дующие словосочета́ния на кита́йский язы́к.
(1) цифрова́я информа́ция
(2) интегра́льная микросхе́ма
(3) управля́ющая програ́мма
(4) запомина́ющее устро́йство

ТЕКСТ 4 АРХИТЕКТУ́РА МИКРОПРОЦЕ́ССОРНЫХ СИСТЕ́М

Архитекту́ра микропроце́ссорной систе́мы — абстра́ктное представле́ние, отража́ющее её структу́рную, схемотехни́ческую и логи́ческую организа́цию. Ины́ми слова́ми, архитекту́ра представля́ет собо́й совоку́пность иде́й, зало́женных в микропроце́ссорную систе́му. Архитекту́рные осо́бенности микропроце́ссорных систе́м характеризу́ются специа́льными те́рминами.

Пе́рвым фундамента́льным трудо́м по архитекту́ре вычисли́тельных маши́н счита́ется рабо́та Джо́на фон Не́ймана "Предвари́тельное рассмотре́ние логи́ческой констру́кции электро́нных вычисли́тельных маши́н" ("Preliminary discussion of the logical design of an electronic computing instrument"), впервы́е опублико́ванная в 1946 году́. В рабо́те систематизи́рованы все нако́пленные к тому́ вре́мени иде́и и нарабо́тки. Мно́гие положе́ния рабо́ты Не́ймана до сих пор актуа́льны.

Но́вые слова́

архитекту́ра	体系，结构
абстра́ктный	抽象的
представле́ние	概念
структу́рный	结构的
схемотехни́ческий	电路技术的
логи́ческий	逻辑的
ины́ми слова́ми	或者说；换句话说
совоку́пность	组合(阴)
те́рмин	术语
фундамента́льный	基本的
вычисли́тельная маши́на	计算机
предвари́тельный	预先的，预备的，初步的
рассмотре́ние	研究，分析；审查
логи́ческая констру́кция	逻辑结构
опублико́ванный	已出版的

систематизи́рованный	系统化的
нако́пленный	累积的
нарабо́тка	工作时间
положе́ние	论点
до сих пор	迄今为止
актуа́льный	具有现实意义的

Зада́ния к те́ксту

1. Отве́тьте на сле́дующие вопро́сы по содержа́нию те́кста.

（1）Каку́ю организа́цию отража́ет поня́тие “архитекту́ра микропроце́ссорной систе́мы”?

（2）Чем характеризу́ются архитекту́рные осо́бенности микропроце́ссорных систе́м?

（3）Назови́те пе́рвый труд по архитекту́ре вычисли́тельных маши́н. Когда́ он был опублико́ван?

2. Соста́вьте предложе́ния со сле́дующими слова́ми.

（1）абстра́ктный⇔конкре́тный（анто́нимы）

（2）совоку́пность = структу́ра，систе́ма（сино́нимы）

（3）фундамента́льный = про́чный，основно́й（сино́нимы）

（4）быть опублико́ванным

（5）быть актуа́льным

3. Переведи́те сле́дующие словосочета́ния на кита́йский язы́к.

（1）структу́рная организа́ция

（2）совоку́пность иде́й

（3）вычисли́тельная маши́на

（4）электро́нная маши́на

（5）нако́пленные нарабо́тки

УРО́К 7

РАЗДЕ́Л 1　ТЕКСТ

ПРА́ЗДНИКИ В РОССИ́И (1)

В Росси́и, как и в други́х стра́нах, о́чень лю́бят пра́здники. Без сомне́ния, Но́вый год, кото́рый наступа́ет в ночь с 31 декабря́ на 1 января́, мо́жно назва́ть са́мым люби́мым пра́здником россия́н.

Но́вый год — семе́йный пра́здник, поэ́тому традицио́нно в э́ту ночь вся семья́ собира́ется за пра́здничным столо́м. Малыши́ с любопы́тством развора́чивают свёртки с пода́рками из-под ёлки, взро́слые под бой кура́нтов зага́дывают сокрове́нное жела́ние и стро́ят пла́ны на бу́дущее.

Дед Моро́з и Снегу́рочка, пы́шно укра́шенная ёлка, сала́т "Оливье́", бой кура́нтов и новогоднее поздравле́ние президе́нта — вот обяза́тельные атрибу́ты совреме́нного новогоднего пра́здника. С э́тим пра́здником лю́ди всегда́ свя́зывают са́мые больши́е наде́жды и мечты́. Всео́бщую наро́дную любо́вь к э́тому пра́зднику уси́ливает и тот факт, что за Но́вым го́дом сле́дуют кани́кулы: 9 и́ли 10 нерабо́чих дней подря́д.

25 января́ традицио́нно свой пра́здник отмеча́ют студе́нты росси́йских университе́тов, хотя́ Междунаро́дный день студе́нчества пра́зднуется 17 ноября́. Таки́е двойны́е имени́ны росси́йские студе́нты получи́ли благодаря́ откры́тию Моско́вского университе́та в 1755 году́.

23 февраля́ мы поздравля́ем на́ших мужчи́н с Днём защи́тника Оте́чества. Пра́здник появи́лся 23 февраля́ 1918 г. Кра́сная А́рмия одержа́ла побе́ду над герма́нскими завоева́телями под На́рвой и Пско́вом. Мужчи́ны, наделённые приро́дой большо́й физи́ческой си́лой, счита́ются защи́тниками тех, кто нахо́дится ря́дом с ни́ми, тех, кто слабе́е.

В Росси́и отмеча́ют и Междунаро́дный же́нский день (8 ма́рта). В Росси́и впервы́е Междунаро́дный же́нский день отме́тили в 1913 г. в Петербу́рге. Де́ти и мужчи́ны поздравля́ют мам, ба́бушек, дочере́й, сестёр, да́рят пода́рки, буке́ты цвето́в, де́ти гото́вят сувени́ры свои́ми рука́ми. Кем бы ни была́ же́нщина, чем бы она́ ни занима́лась, в како́й бы стране́ она́ ни жила́, она́ была́ и остаётся по-пре́жнему са́мым дороги́м, са́мым люби́мым челове́ком — ма́мой. Поэ́тому Восьмо́е ма́рта в Росси́и счита́ется не про́сто же́нским днём. Ча́сто его́ называ́ют ма́миным пра́здником.

Зада́ния к те́ксту

I. Вы́учите но́вые слова́ и словосочета́ния.

без сомне́ния	毫无疑问	зага́дывать	推想，预想，预计
наступа́ть	来临，到来	оте́чество	祖国
с любопы́тством	带着好奇心	завоева́тель	征服者(阳)
развора́чивать	打开，拆开	сокрове́нный	内心的；隐秘的
свёрток	包裹	суве́ни́р	纪念品
бой кура́нтов	钟声	подря́д	连续，接连
атрибу́т	属性	защи́тник	保护者

II. Отве́тьте на вопро́сы.

А.

1. Как вы счита́ете, како́й са́мый гла́вный пра́здник в Росси́и? Почему́?
2. Когда́ появи́лся День защи́тника Оте́чества?
3. Кто са́мый гла́вный челове́к 8 ма́рта в Росси́и?

Б.

1. Како́й са́мый гла́вный пра́здник в ва́шей стране́? Почему́?
2. В ва́шей стране́ отмеча́ют Же́нский день? Е́сли да, то когда́?

III. Запо́лните про́пуски в соотве́тствии с содержа́нием те́кста.

1. Традицио́нно в нового́днюю ночь вся семья́ собира́ется за пра́здничным ________.
2. Мужчи́ны, наделённые приро́дой большо́й физи́ческой си́лой, счита́ются ________ тех, кто нахо́дится ря́дом с ни́ми, тех, кто слабе́е.
3. Ча́сто Восьмо́е ма́рта в Росси́и называ́ют ________ пра́здником.
4. Де́ти на Междунаро́дный же́нский день де́лают сувени́ры свои́ми ________.

IV. Соедини́те слова́ и словосочета́ния с их определе́нием, сино́нимом (Табли́ца 7.1).

Табли́ца 7.1

Слова́ и словосочета́ния	Определе́ние, сино́ним
без сомне́ния	си́мвол
сокрове́нный	тот, кто защища́ет
атрибу́т	ро́дина
подря́д	безусло́вно, коне́чно
защи́тник	друг за дру́гом
оте́чество	та́йный, секре́тный

V. Прочита́йте предложе́ния. Вы согла́сны с тем, что напи́сано? Е́сли нет, то испра́вьте оши́бки.

1. Одно́й из причи́н, почему́ в Росси́и лю́бят Но́вый год, явля́ется тот факт, что по́сле него́ иду́т дли́нные кани́кулы.

2. Междунаро́дный день студе́нчества пра́зднуется 25 января́.

3. 23 февраля́ поздравля́ют и мужчи́н, и же́нщин.

4. 8 ма́рта — э́то Междунаро́дный же́нский день.

РАЗДЕ́Л 2 РЕ́ЛЬСОВЫЙ ТРА́НСПОРТ

ТЕКСТ 1 ПОНЯ́ТИЕ БЕЗОПА́СНОСТИ СЖАТ (СИСТЕ́МЫ ЖЕЛЕЗНОДОРО́ЖНОЙ АВТОМА́ТИКИ И ТЕЛЕМЕХА́НИКИ)

Одни́м из основны́х назначе́ний устро́йств ЖАТ явля́ется обеспе́чение безопа́сности движе́ния поездо́в.

Безопа́сность в обы́чном понима́нии э́того сло́ва тракту́ется как сохра́нность челове́ка, объе́кта, окружа́ющей среды́. В зави́симости от о́трасли поня́тие безопа́сности конкретизи́руется в соотве́тствии с её зада́чами и осо́бенностями.

Причи́нами наруше́ния безопа́сности мо́гут стать:

— оши́бки челове́ка;

— отка́зы техни́ческих средств;

— вне́шние явле́ния (фа́кторы).

Ава́рия при отка́зе СЖАТ возмо́жна при одновре́менном возникнове́нии, по кра́йней ме́ре, двух из трёх перечи́сленных причи́н. Отка́з СЖАТ, кото́рый мо́жет привести́ к ава́рии, явля́ется опа́сным и недопусти́мым.

Алгори́тм рабо́ты систе́мы железнодоро́жной автома́тики (систе́мы управле́ния отве́тственным технологи́ческим проце́ссом) до́лжен исключа́ть опа́сные ситуа́ции не то́лько при испра́вном, но и при неиспра́вном состоя́нии само́й систе́мы управле́ния.

Но́вые слова́

обеспе́чение	保障,保证
трактова́ться	被认为;解释为
сохра́нность	完善保存;完整无缺;完好无损(阴)
окружа́ющая среда́	周围环境
в зави́симости от чего́	[前]取决于……
конкретизи́роваться	具体化
в соотве́тствии с чем	[前]按照;根据
наруше́ние	破坏,违反
отка́з	故障
техни́ческое сре́дство	技术设备

ава́рия	事故,故障
возникнове́ние	出现,发生
по кра́йней ме́ре	至少
опа́сный	危险的
недопусти́мый	不能容许的
алгори́тм	算法
исключа́ть	排除;消除;删除;除去
испра́вный	完好的
состоя́ние	状态

Зада́ния к те́ксту

1. Отве́тьте на сле́дующие вопро́сы по содержа́нию те́кста.
   (1) В чём заключа́ется одно́ из основны́х назначе́ний устро́йств ЖАТ?
   (2) Как вы понима́ете сло́во “безопа́сность”?
   (3) Что мо́жет стать причи́ной наруше́ния безопа́сности?
2. Соста́вьте предложе́ния со сле́дующими слова́ми.
   (1) трактова́ться как что
   (2) конкретизи́роваться = уточня́ться (сино́нимы)
   (3) ава́рия = поло́мка (сино́нимы)
   (4) алгори́тм = спо́соб, после́довательность (сино́нимы)
   (5) испра́вный⇔неиспра́вный (анто́нимы)
3. Переведи́те сле́дующие словосочета́ния на кита́йский язы́к.
   (1) техни́ческое сре́дство
   (2) вне́шнее явле́ние
   (3) систе́ма управле́ния

ТЕКСТ 2 ТА́ЙМЕРЫ

В микропроце́ссорных систе́мах не́которые опера́ции должны́ выполня́ться че́рез определённые за́данные зара́нее интерва́лы вре́мени. Формирова́ть временны́е интерва́лы мо́жно програ́ммными и́ли аппара́тными сре́дствами. Програ́ммно интерва́л вре́мени формиру́ется ци́клом с изве́стной продолжи́тельностью. Если формирова́ние временны́х интерва́лов не еди́нственная зада́ча, возло́женная на микроконтро́ллер, то временны́е интерва́лы целесообра́зно формирова́ть аппара́тным спо́собом. Для э́того предназна́чены та́ймеры, кото́рые вхо́дят в соста́в большинства́ микроконтро́ллеров.

Та́ймер представля́ет собо́й счётный реги́стр, переключе́ние кото́рого выполня́ется периоди́ческой и́мпульсной после́довательностью, сформиро́ванной из та́ктового сигна́ла. Взаимоде́йствие ядра́ микроконтро́ллера и та́ймера осуществля́ется че́рез механи́зм прерыва́ний. По́сле настро́йки и за́пуска та́ймера, выполня́емых програ́ммой микроконтро́ллера, та́ймер произво́дит счёт и́мпульсов с изве́стным пери́одом. Ядро́ микроконтро́ллера в э́то вре́мя выполня́ет кома́нды свое́й основно́й програ́ммы. Переполне́ние та́ймера устана́вливает флаг прерыва́ния и, е́сли дано́ разреше́ние, ядро́ микроконтро́ллера перехо́дит к обрабо́тчику прерыва́ния та́ймера. Формиру́емый интерва́л вре́мени определя́ется как произведе́ние пери́ода и́мпульсов на их коли́чество до переполне́ния та́ймера.

Но́вые слова́

та́ймер	计时器
опера́ция	操作；行动
зара́нее	预先，事先
интерва́л	间隔
формирова́ть	形成
програ́ммное сре́дство	软件
аппара́тное сре́дство	硬件
цикл	周期，循环
продолжи́тельность	持续时间;使用期限;持续性(阴)
микроконтро́ллер	微控制器
целесообра́зно	合理地,适当地
счётный реги́стр	计数寄存器
переключе́ние	转换
периоди́ческий	周期的，周期性的；定期的
и́мпульсная после́довательность	脉冲列
та́ктовый сигна́л	时钟信号
ядро́	核心,中心
прерыва́ние	中断,间断,中止
настро́йка	调谐;调准;调整
за́пуск	启动,触发
и́мпульс	脉冲
переполне́ние	溢出,上溢
флаг	标志，标识位
обрабо́тчик	处理器

Зада́ния к те́ксту

1. Отве́тьте на сле́дующие вопро́сы по содержа́нию те́кста.

(1) Как должны́ выполня́ться не́которые опера́ции в микропроце́ссорных систе́мах?

(2) Каки́ми сре́дствами мо́жно формирова́ть временны́е интерва́лы?

(3) В како́м слу́чае целесообра́зно формирова́ть временны́е интерва́лы аппара́тным спо́собом?

(4) Что представля́ет собо́й та́ймер?

(5) Как осуществля́ется взаимоде́йствие ядра́ микроконтро́ллера и та́ймера?

2. Соста́вьте предложе́ния со сле́дующими слова́ми.

(1) опера́ция

(2) цикл = круг, пери́од (сино́нимы)

(3) еди́нственный⇔мно́жественный (анто́нимы)

(4) целесообра́зно = разу́мно, рациона́льно (сино́нимы)

(5) входи́ть в соста́в чего́

(6) ядро́ = центр, осно́ва (сино́нимы)

(7) осуществля́ться че́рез что

3. Переведи́те сле́дующие словосочета́ния на кита́йский язы́к.

(1) интерва́л вре́мени = временно́й интерва́л

(2) счётный реги́стр

(3) и́мпульсная после́довательность

(4) та́ктовый сигна́л

(5) механи́зм прерыва́ний

(6) флаг прерыва́ния

ТЕКСТ 3　КОНЦЕ́ПЦИЯ БЕЗОПА́СНОСТИ

Конце́пция безопа́сности — э́то совоку́пность положе́ний, в соотве́тствии с кото́рыми осуществля́ется построе́ние безопа́сной систе́мы и устана́вливаются крите́рии опа́сных отка́зов.

Положе́ния конце́пции безопа́сности реле́йных СЖАТ сле́дующие:

— пра́вильный вы́бор исхо́дного состоя́ния реле́;

— в цепя́х реле́йных устро́йств, проверя́ющих усло́вия безопа́сности движе́ния поездо́в, должны́ испо́льзоваться замыка́ющие (фронтовы́е) конта́кты реле́ Ⅰ кла́сса надёжности;

— при испо́льзовании в цепя́х, проверя́ющих усло́вия безопа́сности движе́ния поездо́в, размыка́ющих (тыловы́х) конта́ктов реле́ Ⅰ кла́сса и любы́х конта́ктов реле́ бо́лее ни́зкого кла́сса надёжности, их испра́вная рабо́та должна́ контроли́роваться при норма́льном функциони́ровании устро́йств;

— исполни́тельные, контро́льные элеме́нты и устро́йства, име́ющие вне́шние (возду́шные и́ли ка́бельные）ли́нии свя́зи，должны́ име́ть двухпо́люсное（многопо́люсное）отключе́ние от исто́чников электропита́ния；

— любы́е неиспра́вности элеме́нтов электри́ческих схем СЖАТ，вероя́тность возникнове́ния кото́рых вы́ше вероя́тности опа́сного отка́за реле́ I кла́сса надёжности，должны́ приводи́ть к защи́тному отка́зу.

Но́вые слова́

конце́пция	概念
положе́ние	条例；章程，规章；规定
построе́ние	建立，建造
крите́рий	标准，准则
реле́йный	继电器的，中继的
исхо́дный	初始的，原始的
реле́	继电器，替续器，继动器
цепь	电路(阴)
размыка́ющий конта́кт	分段触头
тылово́й конта́кт	后接点
надёжность	可靠性，安全性(阴)
контроли́роваться	检查
функциони́рование	功能；作用；运行；动作
исполни́тельный элеме́нт	执行元件；操作元件
контро́льный элеме́нт	控制元件
возду́шная ли́ния свя́зи	通信架空线路
ка́бельная ли́ния свя́зи	通信电缆线
двухпо́люсное（многопо́люсное）отключе́ние	两级(多级)中断
исто́чник электропита́ния	供电电源
неиспра́вность	故障，损坏(阴)
вероя́тность	概率，机率，或然率，可能性(阴)
защи́тный	保护的，防护的，防御的

Зада́ния к те́ксту

1．Отве́тьте на сле́дующие вопро́сы по содержа́нию те́кста.

(1) Что осуществля́ется с по́мощью конце́пции безопа́сности？

(2) Пра́вильный вы́бор чего́ необходи́мо сде́лать для безопа́сности реле́йных СЖАТ？

(3) Реле́ како́го кла́сса надёжности должны́ испо́льзоваться в цепя́х реле́йных уст-

рóйств?

2. Состáвьте предложéния со слéдующими словáми.

(1) безопáсный⇔опáсный (антóнимы)

(2) исхóдный = начáльный (синóнимы)

(3) замыкáющий⇔размыкáющий (антóнимы)

(4) фронтовóй⇔тыловóй (антóнимы)

3. Переведúте слéдующие словосочетáния на китáйский язы́к.

(1) концéпция безопáсности

(2) класс надёжности

(3) воздýшная лúния свя́зи

(4) кáбельная лúния свя́зи

(5) истóчник электропитáния

ТЕКСТ 4 КОНТРÓЛЬНАЯ ЦЕПЬ

Контрóльная цепь предназнáчена для непреры́вного контрóля трёх положéний стрéлочного прúвода: плюсовóго, минусовóго и промежýточного.

Вид контрóльной цéпи завúсит от экономúчески целесообрáзного колúчества проводóв и осóбенностей энергоснабжéния ЭЦ.

К контрóльной цéпи предъявля́ются слéдующие основны́е трéбования:

— контрóль положéния стрéлки дóлжен обеспéчиваться тóлько при её механúческом замыкáнии (обеспéчивается автопереключáтелем электропрúвода);

— контрóльный ток дóлжен подводúться к контрóльным релé со стороны́ автопереключáтеля прúвода, что явля́ется защúтой от лóжных срабáтываний при обры́вах и корóтком замыкáнии в линéйном кáбеле;

— любы́е откáзы элемéнтов, входя́щих в схéму, не должны́ приводúть к появлéнию лóжного контрóля положéния стрéлки;

— в срéднем положéнии контрóльные релé должны́ быть отключены́ от всех пóлюсов питáния для защúты от лóжных срабáтываний при сообщéниях в кáбеле.

Классúческое построéние контрóльной цéпи — цепь нормáльно обтекáется тóком, контрóльное релé и истóчник питáния контрóльного релé должны́ быть включены́ по рáзные стóроны кáбельной лúнии.

Нóвые словá

контрóльная цепь	控制电路
непреры́вный	连续的,不间断的
стрéлочный прúвод	道岔转辙机；道岔连接杆

плюсово́й	正的;正数的;加的
минусово́й	负的,负值的;零下的
промежу́точный	中间的;间隔的;中介的
экономи́чески	经济上, 在经济方面
целесообра́зный	合理的,适当的
коли́чество	数量
прово́д	导线,引线
осо́бенность	特点, 特征; 特性, 特殊性(阴)
энергоснабже́ние	供电;电力供应
ЭЦ (электри́ческая централиза́ция стре́лок и сигна́лов)	道岔及信号电集中装置
предъявля́ться	提出
механи́ческое замыка́ние	机械锁闭
автопереключа́тель	自动开关,自动转换开关(阳)
электропри́вод	电力传动(装置)
ток	电流
контро́льное реле́	控制继电器
ло́жное сраба́тывание	假动作
обры́в	断路
коро́ткое замыка́ние	短路,短接
схе́ма	线路图,电路图
появле́ние	出现
отключи́ть	断开,切断
по́люс	电极
пита́ние	电源,供电
построе́ние	结构, 构造

Зада́ния к те́ксту

1. Отве́тьте на сле́дующие вопро́сы по содержа́нию те́кста.

(1) Ско́лько положе́ний у стре́лочного при́вода?

(2) Что зна́чит аббревиату́ра ЭЦ?

(3) Когда́ до́лжен обеспе́чиваться контро́ль положе́ния стре́лки?

(4) Что явля́ется защи́той от ло́жных сраба́тываний при обры́вах и коро́тком замыка́нии в лине́йном ка́беле?

(5) От чего́ должны́ быть отключены́ контро́льные реле́ в сре́днем положе́нии?

2. Соста́вьте предложе́ния со сле́дующими слова́ми.

(1) непреры́вный = бесперебо́йный (сино́нимы)

(2) обеспе́чиваться чем

(3) ло́жный = ненастоя́щий (сино́нимы)

(4) ток

3. Переведи́те сле́дующие словосочета́ния на кита́йский язы́к.

(1) механи́ческое замыка́ние

(2) контро́льный ток

(3) контро́льное реле́

(4) коро́ткое замыка́ние

(5) лине́йный ка́бель

(6) по́люс пита́ния

УРО́К 8

РАЗДЕ́Л 1　ТЕКСТ

ПРА́ЗДНИКИ В РОССИ́И (2)

Ма́сленица — ра́достный и сы́тный пра́здник. Гла́вный си́мвол пра́здника — э́то блин, кру́глый, горя́чий, жёлтый, как со́лнце. По́сле до́лгой суро́вой зимы́ все ожида́ют весну́, тепло́. В э́тот пра́здник сжига́ют чу́чело — си́мвол зимы́. Блины́ на Ма́сленицу едя́т всю неде́лю: у́тром, днём, ве́чером. Ма́сленица прово́дится в конце́ февраля́ и́ли в нача́ле ма́рта.

Пра́здник Весны́ и Труда́ — ещё оди́н все́ми люби́мый весе́нний пра́здник. По всей стране́ прохо́дят наро́дные гуля́ния, конце́рты, спорти́вные состяза́ния. Ну и, коне́чно, са́мая я́ркая приме́та э́того дня — ше́ствия трудовы́х коллекти́вов и профсою́зов. Для большинства́ люде́й э́то про́сто выходно́й день, когда́ мо́жно отдохну́ть на приро́де.

День Побе́ды (9 ма́я) — э́то пра́здник побе́ды Сове́тского сою́за надфаши́стской Герма́нией в Вели́кой Оте́чественной войне́ 1941—1945 годо́в. 9 ма́я отмеча́ется ежего́дно. На гла́вных площадя́х городо́в прово́дятся вое́нные пара́ды. Все поздравля́ют ветера́нов войны́, да́рят им цветы́, пода́рки. Возлага́ются венки́ к Моги́ле Неизве́стного Солда́та. Ве́чером греми́т пра́здничный салю́т.

1 ию́ня — э́то не то́лько нача́ло календа́рного ле́та и старт долгожда́нных кани́кул, но ещё и объединя́ющее мно́гие стра́ны собы́тие. Всеми́рный день защи́ты дете́й — пра́здник, при́званный привле́чь внима́ние к защи́те жи́зни и здоро́вья всех несовершеннолé-тних жи́телей плане́ты.

12 ию́ня 1990 г. съезд наро́дных депута́тов РСФСР при́нял "Деклара́цию о госуда́рственном суверените́те Росси́йской Федерати́вной Социалисти́ческий Респу́блики". Э́тот день снача́ла именова́лся как День незави́симости Росси́и, а с 2001 го́да стал называ́ться Днём Росси́и.

С 1984 го́да 1 сентября́ отмеча́ется День зна́ний. Э́то пра́здник нача́ла но́вого уче́бного го́да для шко́льников, студе́нтов, учителе́й и преподава́телей. Для первокла́ссников—э́то пра́здник Пе́рвого звонка́, так как они́ в пе́рвый раз иду́т в шко́лу. В шко́лах прово́дятся торже́ственные лине́йки и пра́здничные мероприя́тия. 1 сентября́ ученики́ и их роди́тели да́рят учителя́м цветы́.

Кро́ме пра́здников, о кото́рых мы вам рассказа́ли, в Росси́и существу́ет мно́жество профессиона́льных пра́здников: День учи́теля, День журнали́ста, День росси́йской науки, День рабо́тников культу́ры и т. д.

Пра́здники — э́то устоя́вшиеся тради́ции в любо́й семье́. Они́ помога́ют скрепи́ть семе́йные взаимоотноше́ния, явля́ются свя́зью ме́жду про́шлым и бу́дущим.

Зада́ния к те́ксту

I. Вы́учите но́вые слова́ и словосочета́ния.

суро́вый	严寒的，寒冷的	ветера́н	老兵
ожида́ть	期待	моги́ла	坟墓
долгожда́нный	期待已久的	салю́т	礼炮
сжига́ть	烧掉	всеми́рный	全世界的
чу́чело	稻草人	привле́чь	吸引
ше́ствие	游行	несовершенноле́т-ний	未成年人
приме́та	标志	съезд	代表大会
состяза́ние	比赛	деклара́ция	宣言，声明
суверените́т	主权	профсою́з	工会
торже́ственный	庄严的	фаши́стский	法西斯主义的
пара́д	盛大的检阅		

II. Отве́тьте на вопро́сы.

А.

1. Как в Росси́и отмеча́ют День Побе́ды?

2. Каки́е ещё пра́здники в Росси́и вы зна́ете? А како́й ваш са́мый люби́мый пра́здник в Росси́и? Почему́?

3. Как вы ду́маете, для чего́ нужны́ пра́здники?

Б.

1. Каки́е пра́здники есть в ва́шей стране́?

2. Како́й ваш са́мый люби́мый пра́здник? Почему́?

III. Запо́лните про́пуски в соотве́тствии с содержа́нием те́кста.

1. Ма́сленица — э́то ра́достный и ________ пра́здник.

2. Са́мая я́ркая приме́та Дня Весны́ и Труда́ — э́то ________ трудовы́х коллекти́вов и профсою́зов.

3. В День Побе́ды возлага́ются венки́ к ________ Неизве́стного Солда́та.

4. Всеми́рный день защи́ты дете́й — пра́здник, при́званный привле́чь внима́ние к защи́те жи́зни и здоро́вья всех ________ жи́телей плане́ты.

5. Для первокла́ссников 1 сентября́ — э́то пра́здник Пе́рвого ________, так как они́ в пе́рвый раз иду́т в шко́лу.

IV. Соедини́те пра́здники с их да́тами(*Табли́ца* 8. 1).

Табли́ца 8. 1

Пра́здники	Да́ты
Ма́сленица	12 ию́ня
Пра́здник Весны́ и Труда́	9 ма́я
День Побе́ды	1 сентября́
День защи́ты дете́й	коне́ц февраля́ — нача́ло ма́рта
День Росси́и	1 ма́я
День Зна́ний	1 ию́ня

V. Прочита́йте предложе́ния. Вы согла́сны с тем, что напи́сано? Е́сли нет, то испра́вьте оши́бки.

1. Гла́вным си́мволом Ма́сленицы явля́ются пельме́ни.

2. Чу́чело — э́то си́мвол приходя́щей весны́.

3. Для большинства́ люде́й 1 ма́я — э́то про́сто выходно́й день, когда́ мо́жно встре́титься с друзья́ми, отдохну́ть на приро́де.

4. 9 ма́я отмеча́ется ка́ждые пять лет.

5. Пра́здники и тради́ции скрепля́ют семе́йные взаимоотноше́ния, явля́ются свя́зью ме́жду про́шлым и бу́дущим.

РАЗДЕ́Л 2　МЕ́НЕДЖМЕНТ

ТЕКСТ 1　ПЛАНИ́РОВАНИЕ И SWOT-АНА́ЛИЗ

Плани́рование — э́то целенапра́вленный вид управля́ющего возде́йствия, координа́ция (согласова́ние, приведе́ние в соотве́тствие) во вре́мени и простра́нстве всех материа́льных и трудовы́х ресу́рсов произво́дства, име́ющихся и́ли оптима́льно возмо́жных в определённых конкре́тных усло́виях. Плани́рование — э́то оди́н из спосо́бов, с по́мощью кото́рого руково́дство обеспе́чивает еди́ное направле́ние уси́лий всех чле́нов организа́ции к достиже́нию её о́бщих це́лей. План явля́ется програ́ммой достиже́ния це́лей. В него́ включа́ются схе́мы распределе́ния ресу́рсов, гра́фики, зада́ния и про́чие де́йствия. С фу́нкции плани́рования начина́ется проце́сс управле́ния, от его́ ка́чества зави́сит успе́х организа́ции.

Основны́е вопро́сы плани́рования: (1) где мы нахо́димся в настоя́щее вре́мя? Ме́неджеры должны́ оцени́ть си́льные и сла́бые сто́роны организа́ции в основны́х её областя́х; (2) куда́ мы хоти́м дви́гаться? Ме́неджеры должны́, оце́нивая возмо́жности и угро́зы в окружа́ющей организа́цию среде́, определи́ть, каки́ми должны́ быть це́ли организа́ции и что мо́жет помеша́ть достиже́нию э́тих це́лей; (3) как мы собира́емся сде́лать э́то? Ме́неджеры реша́ют, что должны́ де́лать чле́ны организа́ции для достиже́ния поста́вленных целей.

SWOT-ана́лиз — ме́тод стратеги́ческого плани́рования, заключа́ющийся в выявле́нии фа́кторов вну́тренней и вне́шней среды́ организа́ции и разделе́нии их на четы́ре катего́рии:

Strengths (си́льные сто́роны);

Weaknesses (сла́бые сто́роны);

Opportunities (возмо́жности);

Threats (угро́зы).

Це́ли SWOT-ана́лиза: интегри́рованная оце́нка и прогнози́рование де́ятельности фи́рмы; формирова́ние сбаланси́рованной страте́гии фи́рмы.

Си́льные (S) и сла́бые (W) сто́роны явля́ются фа́кторами вну́тренней среды́ объе́кта ана́лиза (то есть тем, на что сам объе́кт спосо́бен повлия́ть); возмо́жности (O) и угро́зы (T) явля́ются фа́кторами вне́шней среды́ (то есть тем, что мо́жет повлия́ть на объе́кт извне́ и при э́том не контроли́руется объе́ктом).

Наприме́р, предприя́тие управля́ет со́бственным торго́вым ассортиме́нтом — э́то фа́ктор вну́тренней среды́, но зако́ны о торго́вле не подконтро́льны предприя́тию — э́то фа́ктор вне́шней среды́.

Но́вые слова́

целенапра́вленный	有目的的	среда́	环境
возде́йствие	影响	стратеги́ческий	战略性的
координа́ция	协调	угро́за	威胁
соотве́тствие	相符合;一致	интегри́рованный	综合的
ресу́рс	资源	ассортиме́нт	分类

Зада́ния к те́ксту

1. Отве́тьте на сле́дующие вопро́сы по содержа́нию те́кста.

(1) Как вы по́няли, что тако́е плани́рование?

(2) Для чего́ необходи́мо плани́рование руково́дству компа́нии?

(3) Что обы́чно включа́ется в план?

(4) Что начина́ется с ша́га плани́рования?

(5) Перечи́слите основны́е вопро́сы плани́рования.

(6) Как расшифро́вывается аббревиату́ра SWOT?

(7) В чём заключа́ются си́льные, сла́бые сто́роны, возмо́жности и угро́зы компа́нии? Назови́те приме́ры.

2. Соста́вьте предложе́ния со сле́дующими слова́ми.

(1) координа́ция/координи́ровать = согласова́ние

(2) приведе́ние в соотве́тствие/приводи́ть в соотве́тствие (сино́нимы)

(3) тегри́рованный = объединённый (сино́нимы)

(4) си́льный ≠ сла́бый (анто́нимы)

ТЕКСТ 2 ЛОГИ́СТИКА

Логи́стика — э́то управле́ние проце́ссами материа́льных, информацио́нных и людски́х пото́ков на осно́ве их оптимиза́ции. Логи́стика с то́чки зре́ния учёного — методоло́гия разрабо́тки рациона́льных ме́тодов управле́ния материа́льными и информацио́нными пото́ками, наце́ленных на их оптимиза́цию.

С пози́ции пра́ктики логи́стика — э́то инструме́нт рациона́льной организа́ции пото́ковых проце́ссов с минима́льными затра́тами трудовы́х и материа́льных ресу́рсов.

С то́чки зре́ния практи́ческого примене́ния логи́стика — вы́бор наибо́лее эффекти́вного, по сравне́нию с существу́ющим, вариа́нта обеспе́чения ну́жного това́ра ну́жного ка́чества и коли́чества в ну́жное вре́мя с минима́льными затра́тами на осно́ве сквозно́й организацио́нно-аналити́ческой оптимиза́ции.

Но́вые слова́

логи́стика	物流	рациона́льный	合理的
оптимиза́ция	优化	сквозно́й	直通的

Зада́ния к те́ксту

1. Отве́тьте на сле́дующие вопро́сы по содержа́нию те́кста.
   (1) Как вы по́няли, что тако́е логи́стика?
   (2) В чём заключа́ется гла́вная цель логи́стики?
   (3) Где мо́жет применя́ться логи́стика?
2. Соста́вьте предложе́ния со сле́дующими слова́ми.
   (1) оптимиза́ция = улучше́ние (сино́нимы)
   (2) обеспе́чение = снабже́ние (сино́нимы)
   (3) рациона́льный = разу́мный (сино́нимы)
   (4) целесообра́зный

ТЕКСТ 3 СОВРЕМЕ́ННАЯ ЛОГИ́СТИКА

Совреме́нная логи́стика — уника́льная о́бласть эконо́мики и челове́ческой де́ятельности. Она́ охва́тывает и объединя́ет в еди́ный проце́сс таки́е ви́ды де́ятельности, как информацио́нный обме́н, транспортиро́вка, управле́ние запа́сами, складски́м хозя́йством, грузоперерабо́тка и упако́вка. В прикладно́м значе́нии логи́стика предприя́тия всё в бо́льшей сте́пени рассма́тривается как интегри́рованный проце́сс, при́званный соде́йствовать созда́нию потреби́тельской сто́имости с наиме́ньшими о́бщими изде́ржками.

Но́вые слова́

уника́льный	独特的
запа́с	储备
прикладно́й	实用的,应用的
складско́е хозя́йство	仓库管理
соде́йствовать	促进
грузоперерабо́тка	货物装卸
потреби́тельский	消费者的
упако́вка	包装
изде́ржка	费用

Зада́ния к те́ксту

1. Отве́тьте на сле́дующие вопро́сы по содержа́нию те́кста.

   Перечи́слите ви́ды де́ятельности, кото́рые объединя́ет совреме́нная логи́стика.

2. Соедини́те слова́ с их определе́нием, сино́нимом(Табли́ца 8.2).

Табли́ца 8.2

Слова́	Определе́ние, сино́ним
уника́льный	резе́рв
запа́с	практи́ческий
прикладно́й	затра́та, поте́ря
интегри́рованный	осо́бенный
изде́ржка	объединённый

УРО́К 9

РАЗДЕ́Л 1　ТЕКСТ

ТУРИ́ЗМ В РОССИ́И (1)

Кака́я земля́ мо́жет похва́статься тем, что на её террито́рии мо́жно найти́ ту́ндру, тайгу́, пусты́ни и сте́пи, де́йствующие вулка́ны и ге́йзеры? В како́й стране́ нахо́дятся уника́льные озёра, са́мые дли́нные ре́ки Евро́пы, высоча́йшие го́рные верши́ны, необозри́мые лесны́е просто́ры и целе́бные минера́льные исто́чники? Коне́чно же, Росси́я!

Москва́ явля́ется са́мым посеща́емым тури́стами ме́стом в Росси́и. Крупне́йшие моско́вские аэропо́рты Шереме́тьево (Рис. 9. 1), Домоде́дово, Вну́ково принима́ют до 100 ты́сяч пассажи́ров в су́тки.

Рис. 9. 1　Аэропо́рт Шереме́тьево

Вели́чие Кремля́, Кра́сная пло́щадь, Покло́нная гора́, незабыва́емые прогу́лки по Москве́ напо́лнят тури́стов ру́сским ду́хом, а посеще́ние изве́стных во всём ми́ре музе́ев и галере́й пода́рят непреме́нно ма́ссу я́рких впечатле́ний.

Лу́чше всего́ передвига́ться по Москве́ в столи́чной подзе́мке — метро́ (Рис. 9. 2)! И́менно на метро́ мо́жно бы́стро и комфо́ртно добра́ться до популя́рных моско́вских достопримеча́тельностей. Его́ пе́рвая ли́ния откры́лась 15 ма́я 1935 го́да и шла от ста́нции "Соко́льники" до ста́нции "Охо́тный ряд". Бо́лее 40 ста́нций явля́ются па́мятниками архитекту́ры и счита́ются са́мыми краси́выми в ми́ре.

Рис. 9.2 Моско́вское метро́

Одни́м из краси́вейших городо́в явля́ется Санкт-Петербу́рг. Э́то настоя́щий музе́й под откры́тым не́бом. Ка́ждое зда́ние име́ет свою́ исто́рию и свою́ осо́бую архитекту́рную красоту́. Здесь сосредото́чено огро́мное коли́чество музе́ев: Эрмита́ж (Рис. 9.3), Петропа́вловская кре́пость, Ру́сский музе́й. Прогуля́ться по се́верной столи́це мо́жно на небольшо́м теплохо́де и́ли ло́дке, ведь в э́том го́роде так мно́го кана́лов и рек.

Рис. 9.3 Эрмита́ж

Интере́снейшим направле́нием мо́жет та́кже стать путеше́ствие по Золото́му Кольцу́. Са́мые посеща́емые города́ — Алекса́ндров, Се́ргиев Поса́д, Пересла́вль-Зале́сский, Росто́в Вели́кий, Яросла́вль, Тута́ев, У́глич, Кострома́, Су́здаль и Влади́мир.

О́чень мно́го тури́стов выбира́ют литерату́рные и темати́ческие экску́рсии по места́м, где жи́ли изве́стные лю́ди, просла́вившие Росси́ю, таки́е как учёный и основа́тель пе́рвого Моско́вского университе́та М. В. Ломоно́сов, всеми́рно изве́стный компози́тор П. И.

Чайко́вский, ма́стер сло́ва, писа́тель А. П. Че́хов и мно́гие други́е. Сейча́с их дома́ и кварти́ры — э́то госуда́рственные музе́и и па́мятники культу́ры.

Зада́ния к те́ксту

I. Вы́учите но́вые слова́ и словосочета́ния.

похва́статься	自夸,吹牛	ге́йзер	喷泉
ту́ндра	苔原	необозри́мый	无边无际的
тайга́	原始森林	целе́бный	有益健康的
пусты́ня	沙漠	степь	草原(阴)
минера́льный	矿物的	исто́чник	泉,泉水
де́йствующий	活动的,运行的	непреме́нно	一定
вулка́н	火山		

II. Отве́тьте на вопро́сы.

1. Что мо́жно найти́ на террито́рии Росси́и?
2. Каки́е места́ в Росси́и явля́ются наибо́лее посеща́емыми тури́стами?
3. Назови́те основны́е достопримеча́тельности Санкт-Петербу́рга.

III. Запо́лните про́пуски в соотве́тствии с содержа́нием те́кста.

1. Росси́я мо́жет ________ тем, что на её террито́рии мо́жно найти́ и ту́ндру, и тайгу́, и пусты́ни, и сте́пи, и даже де́йствующие вулка́ны и ге́йзеры!
2. Лу́чше всего́ передвига́ться по Москве́ в столи́чной подзе́мке — ________!
3. В Санкт-Петербу́рге сосредото́чено огро́мное коли́чество ________.
4. О́чень мно́го тури́стов выбира́ют литерату́рные и темати́ческие ________ по места́м, где жи́ли изве́стные лю́ди, просла́вившие Росси́ю.

IV. Соедини́те слова́ и словосочета́ния с их определе́нием, сино́нимом (*Табли́ца* 9.1).

Табли́ца 9.1

Слова́ и словосочета́ния	Определе́ние, сино́ним
де́йствующий	на у́лице, на откры́том во́здухе
необозри́мый	метро́
непреме́нно	рабо́тающий
подзе́мка	обяза́тельно, безусло́вно
под откры́тым не́бом	тот, кто хорошо́ пи́шет
ма́стер сло́ва	бесконе́чный, о́чень большо́й, огро́мный

V. Прочита́йте предложе́ния. Вы согла́сны с тем, что напи́сано? Е́сли нет, то испра́вьте оши́бки.

1. В Росси́и нет го́рных верши́н.
2. Санкт-Петербу́рг явля́ется са́мым посеща́емым тури́стами ме́стом в Росси́и.

3. Московско́е метро́ счита́ется са́мым краси́вым в ми́ре.

4. Прогуля́ться по се́верной столи́це мо́жно на небольшо́м теплохо́де и́ли ло́дке, так как в э́том го́роде мно́го кана́лов и рек.

5. Интере́снейшим направле́нием мо́жет та́кже стать путеше́ствие по Золото́му Треуго́льнику.

РАЗДЕ́Л 2 МЕ́НЕДЖМЕНТ

ТЕКСТ 1 ОПРЕДЕЛЕ́НИЕ ТЕ́РМИНА "ЛОГИ́СТИКА"

Существу́ет не́сколько подхо́дов к определе́нию поня́тия "логи́стика". Большинство́ из них свя́зывают э́то поня́тие с материа́льным пото́ком и пото́ком информа́ции. Всю совоку́пность определе́ний логи́стики мо́жно объедини́ть в две гру́ппы. Пе́рвая гру́ппа определе́ний тракту́ет логи́стику как направле́ние хозя́йственной де́ятельности, кото́рое заключа́ется в управле́нии материа́льными и информацио́нными пото́ками в сфе́рах произво́дства и обраще́ния. Втора́я гру́ппа рассма́тривает логи́стику как междисциплина́рное нау́чное направле́ние, непосре́дственно свя́занное с по́иском но́вых возмо́жностей повыше́ния эффекти́вности материа́льных и информацио́нных пото́ков.

В росси́йской литерату́ре всё бо́лее распространённым стано́вится подхо́д к логи́стике как к нау́чно-практи́ческому направле́нию хозя́йствования, заключа́ющемуся в эффекти́вном управле́нии материа́льными и информацио́нными пото́ками в сфе́рах произво́дства и обраще́ния.

Логи́стика — нау́ка об организа́ции, плани́ровании, контро́ле и регули́ровании движе́ния материа́льных и информацио́нных пото́ков в простра́нстве и во вре́мени от их перви́чного исто́чника до коне́чного потреби́теля.

И хотя́ логи́стика рассма́тривает пробле́му управле́ния экономи́ческой де́ятельностью как еди́ное це́лое, одна́ко вслe̕дствие разли́чного физи́ческого хара́ктера управля́емых материа́льных и нематериа́льных пото́ков выделя́ют сле́дующий видово́й соста́в логи́стики: логи́стика запа́сов; тра́нспортная; заку́почная; сбытова́я (распредели́тельная); произво́дственная логи́стика; логи́стика склади́рования; информацио́нная; инновацио́нная логи́стика.

Инновацио́нная логи́стика — э́то относи́тельно но́вая о́бласть, под кото́рой понима́ют необходи́мость и возмо́жность внедре́ния прогресси́вных innова́ций в организа́цию теку́щего и стратеги́ческого управле́ния пото́ковыми проце́ссами с це́лью выявле́ния и испо́льзования дополни́тельных резе́рвов путём рационализа́ции (оптимиза́ции) э́того управле́ния.

Но́вые слова́

совоку́пность	组合(阴)	потреби́тель	消费者(阳)
обраще́ние	处理	сбытово́й	销售的
трактова́ть	解释	инновацио́нный	创新的
междисциплина́рный	跨学科的	внедре́ние	推广,采用
непосре́дственно	直接地	резе́рв	储备
исто́чник	文献资料		

Зада́ния к те́ксту

1. Отве́тьте на сле́дующие вопро́сы по содержа́нию те́кста.

(1) Ско́лько существу́ет подхо́дов к определе́нию те́рмина "логи́стика"? Во ско́лько групп их объедини́ли?

(2) В чём заключа́ется ра́зница определе́ний те́рмина "логи́стика", кото́рые даю́т да́нные гру́ппы?

(3) Перечи́слите изве́стные вам ви́ды логи́стики.

(4) Да́йте определе́ние те́рмина "инновацио́нная логи́стика".

2. Соста́вьте предложе́ния со сле́дующими слова́ми.

(1) совоку́пность = систе́ма (сино́нимы)

(2) трактова́ть = объясня́ть (сино́нимы)

(3) резе́рв = запа́с (сино́нимы)

ТЕКСТ 2 ЦЕЛЬ И ПРА́ВИЛА ЛОГИ́СТИКИ

Гла́вная цель логи́стики — во́время и в необходи́мом коли́честве доста́вить произво́дственную проду́кцию в ну́жное ме́сто с минима́льными изде́ржками. Значе́ние логи́стики в компа́нии возраста́ет с увеличе́нием числа́ и интенси́вности това́рных пото́ков, в хо́де расшире́ния де́ятельности фи́рмы и́ли в усло́виях, когда́ сама́ специ́фика проду́кции и ры́нка тре́бует высо́кой операти́вности.

Выделя́ют семь пра́вил логи́стики:

1. Проду́кт до́лжен быть необходи́м потреби́телю.
2. Проду́кт до́лжен быть соотве́тствующего ка́чества.
3. Проду́кт до́лжен быть в необходи́мом коли́честве.
4. Проду́кт до́лжен быть доста́влен в ну́жное вре́мя.
5. Проду́кт до́лжен быть доста́влен в ну́жное ме́сто.
6. Проду́кт до́лжен быть доста́влен с минима́льными затра́тами.
7. Проду́кт до́лжен быть доста́влен конкре́тному потреби́телю.

Но́вые слова́

цель	目的(阴)	интенси́вность	强度(阴)
во́время	准时	специ́фика	特点,特性
увеличе́ние	增加	операти́вность	效能(阴)

Зада́ния к те́ксту

1. Отве́тьте на сле́дующие вопро́сы по содержа́нию те́кста.

（1）В чём заключа́ется гла́вная цель логи́стики?

（2）При како́м усло́вии возраста́ет значе́ние логистики в определённой компа́нии?

（3）Ско́лько существу́ет пра́вил логи́стики? Како́е из них вы счита́ете са́мым гла́вным и почему́?

2. Соста́вьте предложе́ния со сле́дующими слова́ми.

（1）цель

（2）во́время

（3）специ́фика = осо́бенность（сино́нимы）

ТЕКСТ 3 ПОНЯ́ТИЕ ЛОГИСТИ́ЧЕСКОЙ СИСТЕ́МЫ

Логисти́ческая систе́ма — э́то совоку́пность элеме́нтов（зве́ньев）, находя́щихся в отноше́ниях и свя́зях ме́жду собо́й и образу́ющих определёную це́лостность, предназна́ченную для управле́ния пото́ками.

Звено́ логисти́ческой систе́мы — функциона́льно обосо́бленный объе́кт, не подлежа́щий дальне́йшей декомпози́ции в ра́мках построе́ния логисти́ческой систе́мы, выполня́ющий свою́ лока́льную цель, свя́занную с определёнными логисти́ческими фу́нкциями и опера́циями.

Зве́нья логисти́ческой систе́мы мо́гут быть трёх основны́х ти́пов: генери́рующие, преобразу́ющие и поглоща́ющие материа́льные и сопу́тствующие им информацио́нные и фина́нсовые пото́ки. Ча́сто встреча́ются сме́шанные зве́нья логисти́ческой систе́мы, в кото́рых ука́занные три основны́х ти́па зве́ньев комбини́руются в разли́чных сочета́ниях.

Но́вые слова́

звено́	环节	преобразу́ющий	变换的
це́лостность	完整性(阴)	поглоща́ющий	吸收的
обосо́бленный	独立的	сопу́тствующий	伴随的

декомпози́ция	分解	сме́шанный	混合的
лока́льный	局部的	комбини́роваться	搭配,组合
генери́рующий	生成的	сочета́ние	组合

Зада́ния к те́ксту

1．Отве́тьте на сле́дующие вопро́сы по содержа́нию те́кста.

（1）Логисти́ческая систе́ма — э́то совоку́пность каки́х элеме́нтов?

（2）Как вы по́няли，что есть у ка́ждого звена́ логисти́ческой систе́мы?

（3）Перечи́слите ти́пы зве́ньев логисти́ческой систе́мы.

2．Соедини́те слова́ с их определе́нием，сино́нимом（Табли́ца 9.2）.

Табли́ца 9.2

Слова́	Определе́ние，сино́ним
звено́	ме́стный
обосо́бленный	сочета́ться
лока́льный	разъединённый
комбини́роваться	элеме́нт

УРО́К 10

РАЗДЕ́Л 1　ТЕКСТ

ТУРИ́ЗМ В РОССИ́И (2)

Кро́ме посеще́ния истори́ческих городо́в, популя́рным в Росси́и стано́вится и экологи́ческий тури́зм, ведь в стране́ нахо́дится 41 национа́льный парк и 103 запове́дника. В спи́сок мирово́го насле́дия ЮНЕ́СКО вхо́дит пять росси́йских приро́дных объе́ктов: леса́ Ко́ми, о́зеро Байка́л, вулка́ны Камча́тки, золоты́е Алта́йские го́ры и За́падный Кавка́з.

Байка́л — гла́вный центр тури́зма Сиби́ри, кото́рый сла́вится свое́й чисте́йшей пре́сной водо́й. О́зеро Байка́л — са́мое глубо́кое в ми́ре (1 642 ме́тра). Вода́ в нём насто́лько прозра́чна, что ры́бы быва́ют видны́ на глубине́ до 40 ме́тров!

Уника́льны и приро́дные бога́тства Се́верного Кавка́за, кото́рый представля́ет собо́й са́мую высо́кую го́рную цепь Росси́и с пятью́ пи́ками вы́ше 5 ты́сяч ме́тров над у́ровнем мо́ря. Са́мые изве́стные — Эльбру́с и Казбе́к.

Мно́го чуде́сных мест и удиви́тельных встреч с приро́дой ожида́ет тури́стов на о́строве Сахали́н. На Кури́льских острова́х нахо́дятся прекра́сные озёра Кипя́щее и Холо́дное, де́йствующий вулка́н Менделе́ева и горя́чие исто́чники.

Да́льний Восто́к — э́то нетро́нутые цивилиза́цией лесны́е масси́вы, живопи́сные ре́ки, ди́кие зве́ри и редча́йшие расте́ния. Здесь обита́ет изве́стный всему́ ми́ру сиби́рский тигр.

Камча́тка привлека́ет как жи́телей Росси́и, так и тури́стов из ра́зных стран. Здесь вы мо́жете уви́деть де́йствующие вулка́ны, Доли́ну ге́йзеров (Рис. 10.1), искупа́ться в горя́чих и холо́дных минера́льных исто́чниках.

Рис. 10.1 Доли́на ге́йзеров на Камча́тке

Большинство́ приро́дных регио́нов Росси́и представля́ют несомне́нный интере́с для тури́стов-экстрема́лов. Люби́тели приключе́ний и экстри́ма мо́гут вы́брать любо́й вариа́нт: сафа́ри на соба́чьих упря́жках в Каре́лии, ра́фтинг на Алта́е (Рис. 10.2), ко́нные и́ли автомаршру́ты по Кавка́зу и т. д.

Рис. 10.2 Ра́фтинг на Алта́е

Несмотря́ на то, что Росси́я счита́ется одно́й из стран с са́мым холо́дным кли́матом, в её террито́рию вхо́дят о́бласти с уме́ренным кли́матом, где располо́жены ле́тние куро́ртные зо́ны. Краснода́рский край — са́мый тёплый регио́н Росси́и. Популя́рными морски́ми куро́ртами явля́ются Ана́па, Туапсе́, Со́чи. Та́кже есть ряд куро́ртов, входя́щих в гру́ппу Кавка́зские Минера́льные Во́ды, и горнолы́жных куро́ртов (Рис. 10.3).

Рис. 10. 3 Горнолы́жный куро́рт

Кро́ме того́, в Росси́и ра́звиты круи́зы по кру́пным ре́кам: Во́лге, Ле́не, Енисе́ю. Путеше́ствие по ру́сским ре́кам — э́то увлека́тельный и в то же вре́мя разнообра́зный тур, позволя́ющий получи́ть нема́ло впечатле́ний, полноце́нно отдохну́ть от шу́ма го́рода и его́ суеты́ (Рис. 10. 4).

Рис. 10. 4 Речны́е круи́зы и прогу́лки

Зада́ния к те́ксту

I. Вы́учите но́вые слова́ и словосочета́ния.

экологи́ческий тури́зм (экотури́зм)	生态旅游	минера́льный исто́чник	矿泉
запове́дник	自然保护区	сафа́ри	游猎区
насле́дие	遗产	соба́чья упря́жка	狗拉雪橇
зали́в	海湾	ра́фтинг	漂流(运动)
пре́сная вода́	淡水	уме́ренный	温和的；温带的
прозра́чный	透明的	куро́рт	疗养地
цепь	山脉(阴)	круи́з	水路旅游
пик	顶峰	экстрема́л	极限运动项目拥护者

II. Отве́тьте на вопро́сы.

1. Назови́те наибо́лее популя́рные места́ для экотури́зма в Росси́и.

2. Каки́е экстрема́льные и необы́чные ви́ды о́тдыха мо́жно найти́ в Росси́и?

3. Где в Росси́и располо́жены ле́тние куро́ртные зо́ны?

4. В каки́х места́х Росси́и вы побыва́ли? Что вам бо́льше всего́ понра́вилось и запо́мнилось? Почему́? Где вы хоте́ли бы побыва́ть?

III. Запо́лните про́пуски в соотве́тствии с содержа́нием те́кста.

1. В Росси́и 41 национа́льный парк и 103 ________.

2. Байка́л — гла́вный центр тури́зма Сиби́ри, кото́рый сла́вится свои́ми ска́зочными ландша́фтами и чисте́йшей ________ водо́й.

3. Се́верный Кавка́з представля́ет собо́й са́мую высо́кую го́рную цепь Росси́и с пятью ________ вы́ше 5 ты́сяч ме́тров над у́ровнем мо́ря.

4. На Камча́тке вы мо́жете уви́деть де́йствующие вулка́ны, искупа́ться в горя́чих и холо́дных минера́льных ________.

5. Путеше́ствие по ру́сским ре́кам — э́то увлека́тельный тур, позволя́ющий получи́ть нема́ло ________.

IV. Соедини́те слова́ с их определе́нием, сино́нимом(Табли́ца 10. 1).

Табли́ца 10. 1

Слова́	Определе́ние, сино́ним
запове́дник	верши́на
пре́сный	чи́стый, я́сный
прозра́чный	путеше́ствие по воде́
пик	несолёный
экстрема́л	охраня́емый парк, в кото́ром нельзя́ охо́титься
круи́з	люби́тель заня́тия, свя́занного с ри́ском — экстри́ма

V. Прочита́йте предложе́ния. Вы согла́сны с тем, что напи́сано? Е́сли нет, то испра́вьте оши́бки.

1. В спи́сок мирово́го насле́дия ЮНЕ́СКО вхо́дит четы́ре росси́йских приро́дных объ-е́кта: леса́ Ко́ми, вулка́ны Камча́тки, золоты́е Алта́йские го́ры, За́падный Кавка́з.

2. Большинство́ приро́дных регио́нов Росси́и представля́ют несомне́нный интере́с для тури́стов-экстрема́лов.

3. На ю́ге Росси́и обита́ет изве́стный всему́ ми́ру сиби́рский тигр.

4. Доли́на ге́йзеров нахо́дится на Камча́тке.

5. На террито́рии Росси́и нет регио́нов с уме́ренным кли́матом.

РАЗДЕ́Л 2 МЕ́НЕДЖМЕНТ

ТЕКСТ 1 КЛАССИФИКА́ЦИЯ ЛОГИСТИ́ЧЕСКИХ СИСТЕ́М

Микрологисти́ческие систе́мы отно́сятся к определённой организа́ции би́знеса и предназна́чены для управле́ния и оптимиза́ции материа́льного и сопу́тствующих ему́ пото́ков в проце́ссе произво́дства, снабже́ния и сбы́та.

Различа́ют вну́тренние (внутрипроизво́дственные), вне́шние и интегри́рованные микрологисти́ческие систе́мы.

Внутрипроизво́дственные логисти́ческие систе́мы оптимизи́руют управле́ние материа́льными пото́ками в преде́лах технологи́ческого ци́кла произво́дства проду́кции.

Вне́шние логисти́ческие систе́мы реша́ют зада́чи, свя́занные с управле́нием и оптимиза́цией материа́льных и сопу́тствующих пото́ков от их исто́чников к пу́нктам назначе́ния вне произво́дственного технологи́ческого ци́кла.

Грани́цы интегри́рованной микрологисти́ческой систе́мы определя́ются произво́дственно-распредели́тельным ци́клом, включа́ющим проце́ссы заку́пки материа́льных ресу́рсов и организа́ции снабже́ния, внутрипроизво́дственные логисти́ческие фу́нкции, логисти́ческие опера́ции в распредели́тельной систе́ме при организа́ции прода́ж гото́вой проду́кции потреби́телям и послепрода́жном се́рвисе.

Макрологисти́ческая систе́ма — э́то кру́пная систе́ма управле́ния материа́льными пото́ками, охва́тывающая предприя́тия и организа́ции, территориа́льно-произво́дственные ко́мплексы, посре́днические, торго́вые и тра́нспортные организа́ции разли́чных ве́домств, инфраструкту́ру эконо́мики отде́льной страны́ и́ли гру́ппы стран.

Мезологисти́ческие систе́мы организацио́нно бази́руются на корпорати́вных структу́рах. Корпора́ция располага́ет значи́тельными возмо́жностями стратеги́ческого плани́рования и распределе́ния ресу́рсов, вследствие чего́ мо́жет быть дости́гнуто наибо́лее эффекти́вное распределе́ние ресу́рсов корпора́ции ме́жду её подразделе́ниями и дифференци́рованное примене́ние инструме́нтов внутрифи́рменного стимули́рования и контро́ля.

Но́вые слова́

классифика́ция	分类	корпорати́вный	公司的
снабже́ние	供应	корпора́ция	公司
сбыт	销售	располага́ть	拥有,掌握
оптимизи́ровать	优化	значи́тельный	重要的
цикл	周期	стратеги́ческий	战略性的
распредели́тельный	分配的,配给的	распределе́ние	分布
посре́днический	中介的	всле́дствие	由于
ве́домство	部门	дифференци́рованный	有差别的
инфраструкту́ра	基础设施		

Зада́ния к те́ксту

1. Отве́тьте на сле́дующие вопро́сы по содержа́нию те́кста.

（1）Перечи́слите основны́е ти́пы логисти́ческих систе́м.

（2）Как вы по́няли из те́кста, в чём заключа́ется ра́зница ме́жду да́нными ти́пами систе́м?

（3）Перечи́слите ти́пы микрологисти́ческих систе́м.

2. Соста́вьте предложе́ния со сле́дующими слова́ми.

（1）классифика́ция = систематиза́ция（сино́нимы）

（2）оптимизи́ровать = улу́чшить（сино́нимы）

（3）располага́ть = име́ть（сино́нимы）

（4）всле́дствие чего

ТЕКСТ 2　ФУ́НКЦИИ ЛОГИ́СТИКИ

Логи́стика предполага́ет формирова́ние и обеспе́чение функциони́рования материа́льных пото́ков на отде́льных эта́пах движе́ния материа́лов. Выделя́ют три фу́нкции логи́стики:

（1）интегри́рующую — формирова́ние проце́сса товародвиже́ния как еди́ной це́лостной систе́мы;

（2）организу́ющую — обеспе́чение взаимоде́йствия и согласова́ние ста́дий и де́йствий уча́стников товародвиже́ния;

（3）управля́ющую — поддержа́ние пара́метров материалопроводя́щей систе́мы в за́данных преде́лах.

Но́вые слова́

предполага́ть	假设	ста́дия	阶段
взаимоде́йствие	相互作用	пара́метр	参数
согласова́ние	协调;一致关系		

Зада́ния к те́ксту

1. Отве́тьте на сле́дующие вопро́сы по содержа́нию те́кста.
   (1) Перечи́слите основны́е фу́нкции логи́стики.
   (2) Как вы ду́маете, кака́я из них явля́ется наибо́лее ва́жной и почему́?
2. Соста́вьте предложе́ния со сле́дующими слова́ми.
   (1) предполага́ть = име́ть в виду́ (сино́нимы)
   (2) ста́дия = эта́п (сино́нимы)
   (3) пара́метр = характери́стика (сино́нимы)

ТЕКСТ 3 ИНТЕГРИ́РУЮЩАЯ ФУ́НКЦИЯ ЛОГИ́СТИКИ

Интегри́рующая фу́нкция. При доста́вке това́ров от поставщика́ к потреби́телю материа́льный пото́к прохо́дит ста́дии заку́пки материа́лов, произво́дства и распределе́ния (сбы́та) проду́кции. Ка́ждая ста́дия товародвиже́ния характеризу́ется специфи́ческими осо́бенностями и реша́ет прису́щие то́лько ей зада́чи. Одна́ко ни одна́ из них не мо́жет рассма́триваться самостоя́тельно, вне еди́ного проце́сса товародвиже́ния. Определя́ющая роль в да́нном проце́ссе принадлежи́т сбы́ту. И́менно он обусло́вливает организацио́нные и экономи́ческие осо́бенности произво́дства, объём и номенклату́ру заку́пок материа́лов, а та́кже отноше́ния э́тих ста́дий друг к дру́гу. Вме́сте с тем ка́ждая из ста́дий товародвиже́ния, в свою́ о́чередь, ока́зывает возде́йствие как непосре́дственно на проце́сс произво́дства, так и на протека́ние проце́сса товародвиже́ния в це́лом. Наприме́р, расшире́ние ры́нка сбы́та приво́дит к ро́сту объёма произво́дства и заку́пок. Вре́менное прекра́щение поста́вок материа́лов и́ли ре́зкий рост цен на них обусло́вливает увеличе́ние у́ровня запа́сов за счёт приобрете́ния материа́лов в бо́льших коли́чествах и по бо́лее ни́зким це́нам и т. п.

Логи́стика объединя́ет ста́дии заку́пки, произво́дства и сбы́та в еди́ный проце́сс. Посре́дством логи́стики управле́ние движе́нием пото́ков материа́лов осуществля́ется как управле́ние еди́ной интегри́рованной систе́мой, включа́ющей исто́чник сырья́, ряд ста́дий обрабо́тки (изготовле́ния проду́кции) и сбы́та гото́вых изде́лий. Происхо́дит перехо́д от ча́стных, лока́льных зада́ч подсисте́м к глоба́льным це́лям произво́дственной организа́ции.

Но́вые слова́

поставщи́к	供应商	глоба́льный	全球的
прису́щий	固有的	протека́ние	渗透,渗漏
самостоя́тельный	独立的	прекра́щение	终止，停止
принадлежа́ть	属于	поста́вка	交货
обусло́вливать	作为……的前提条件	ре́зкий	急剧的,突然的
объём	范围；量；体积	номенклату́ра	品名
посре́дством	用,借助于	заку́пка	购买
сырьё	原料	в свою́ о́чередь	本身也;同时
обрабо́тка	处理	ока́зывать	予以

Зада́ния к те́ксту

1. Отве́тьте на сле́дующие вопро́сы по содержа́нию те́кста.

（1）Перечи́слите ста́дии, кото́рые прохо́дит материа́льный пото́к по доро́ге от поставщика́ к потреби́телю.

（2）Мо́гут ли ста́дии товародвиже́ния рассма́триваться самостоя́тельно, отде́льно друг от дру́га? Почему́?

（3）Кака́я из да́нных ста́дий игра́ет определя́ющую роль? Почему́?

2. Соедини́те слова́ с их определе́нием, сино́нимом(Табли́ца 10.2).

Табли́ца 10.2

Слова́	Определе́ние, сино́ним
прису́щий	внеза́пный
обусло́вливать	проду́кт, ингредие́нт
номенклату́ра	сво́йственный
ре́зкий	классифика́ция
сырьё	определя́ть

3. Соста́вьте предложе́ния со сле́дующими слова́ми.

（1）в свою́ о́чередь

（2）ока́зывать возде́йствие

（3）посре́дством чего́

УРО́К 11

РАЗДЕ́Л 1　ТЕКСТ

ЭКОНО́МИКА РОССИ́И О́ТРАСЛИ ХОЗЯ́ЙСТВА (1)

Эконо́мика Росси́и — сложне́йший механи́зм. Хозя́йство страны́ состои́т из трёх се́кторов:

(1) о́трасли, опира́ющиеся на разрабо́тку приро́дных ресу́рсов: добыва́ющая промы́шленность, се́льское и лесно́е хозя́йство;

(2) перераба́тывающие о́трасли, кото́рые обеспе́чивают созда́ние проду́кции на осно́ве испо́льзования приро́дных ресу́рсов: пищева́я, лёгкая промы́шленность;

(3) о́трасли нематериа́льной сфе́ры: информацио́нная и социа́льная инфраструкту́ра.

Росси́я — индустриа́льно-агра́рная страна́. Ва́жную роль в структу́ре национа́льного дохо́да игра́ют в пе́рвую о́чередь промы́шленность и се́льское хозя́йство. Осо́бая о́трасль эконо́мики свя́зана с месторожде́ниями не́фти, приро́дного га́за, угля́, желе́зных руд, ре́дких и драгоце́нных мета́ллов, алма́зов.

Се́льское хозя́йство — древне́йшая о́трасль хозя́йства, даю́щая проду́кты пита́ния и сырьё. В Росси́и для да́нной о́трасли характе́рно сезо́нное произво́дство. Се́льское хозя́йство состои́т из двух ви́дов: земледе́лия и животново́дства. До́ля земледе́лия составля́ет о́коло 53% сто́имости всей сельскохозя́йственной проду́кции в Росси́и. Его́ осно́вой слу́жит зерново́е хозя́йство, а важне́йшей культу́рой явля́ется пшени́ца. Выра́щивается та́кже рожь, ячме́нь, овёс, рис, гречи́ха, про́со. Повсеме́стно в Росси́и выра́щивают карто́фель. В ю́жных райо́нах Росси́и ра́звито та́кже садово́дство, формиру́ется виногра́дарство, чаево́дство, выра́щиваются ци́трусовые. Гла́вная о́трасль животново́дства в Росси́и — э́то скотово́дство (разведе́ние кру́пного рога́того скота́), проду́кцией кото́рого явля́ется молоко́ и мя́со.

Лесно́е хозя́йство име́ет большо́е значе́ние для эконо́мики страны́, так как Росси́я облада́ет 25% всех мировы́х запа́сов древеси́ны. В соста́в лесно́го ко́мплекса вхо́дят деревообраба́тывающая промы́шленность (произво́дство фане́ры, ме́бели, спи́чек и т. п.), целлюло́зно-бума́жная промы́шленность (изготовле́ние целлюло́зы, бума́ги, карто́на), а та́кже хими́ческая перерабо́тка древеси́ны.

То́пливно-энергети́ческий ко́мплекс Росси́и включа́ет в себя́ то́пливную промы́шленность и электроэнерге́тику. Веду́щими отрасля́ми то́пливной промы́шленности явля́ются у́гольная, га́зовая и нефтяна́я. Для произво́дства электроэне́ргии в стране́ испо́льзуются теплову́е, гидравли́ческие и а́томные электроста́нции.

Что каса́ется перераба́тывающих отрасле́й, то основно́й среди́ них явля́ется пищева́я промы́шленность. Крупне́йшими же отрасля́ми лёгкой промы́шленности в Росси́и явля́ются тексти́льная промы́шленность, хлопчатобума́жная и льняна́я промы́шленность, произво́дство шерстяны́х и шёлковых тка́ней.

Зада́ния к те́ксту

I. Вы́учите но́вые слова́ и словосочета́ния.

добыва́ющий	开采的	виногра́дарство	葡萄栽培
перераба́тывающий	加工的	ци́трусовый	柑橘类植物
индустриа́льный	工业的	кру́пный рога́тый скот	牛
агра́рный	农业的	древеси́на	木材
нефть	石油（阴）	деревообраба́тывающий	木材加工的
приро́дный газ	天然气	фане́ра	胶合板
у́голь	煤（阳）	спи́чка	火柴
желе́зная руда́	铁矿石	целлюло́за	纤维素
алма́з	钻石	карто́н	纸板
сырьё	原料	то́пливный	燃料的
земледе́лие	耕作（农业）	животново́дство	畜牧业
теплова́я электроста́нция	火力发电站	гидравли́ческая электроста́нция	水力发电站
зерново́й	谷物的	пшени́ца	小麦
выра́щиваться	培养；培育	рожь	黑麦（阴）
ячме́нь	大麦（阳）	тексти́льный	纺织的
овёс	燕麦	хлопчатобума́жный	棉花的
греча́ха	荞麦	льняно́й	亚麻的
про́со	黍米	шерстяно́й	毛的
повсеме́стно	到处	шёлковый	丝的
ткань	布匹（阴）	садово́дство	园艺学
а́томная электроста́нция	核电站		

II. Отве́тьте на вопро́сы.

1. Из скольки́ се́кторов состои́т хозя́йство Росси́и? Перечи́слите их.
2. Почему́ Росси́ю называ́ют индустриа́льно-агра́рной страно́й?

3. Назови́те ви́ды се́льского хозя́йства.

4. Каки́е о́трасли промы́шленности вхо́дят в лесно́е хозя́йство?

5. Кака́я промы́шленность явля́ется основно́й среди́ перераба́тывающих отрасле́й? Как вы ду́маете, почему́?

III. Запо́лните про́пуски в соотве́тствии с содержа́нием те́кста.

1. Се́льское хозя́йство — древне́йшая о́трасль хозя́йства, даю́щая проду́кты пита́ния и ________.

2. ________ в Росси́и выра́щивают карто́фель.

3. Росси́я облада́ет 25% всех мировы́х запа́сов ________.

4. Веду́щими отрасля́ми то́пливной промы́шленности в Росси́и явля́ются у́гольная, га́зовая и ________.

5. К лёгкой промы́шленности отно́сятся ________ промы́шленность, хлопчатобума́жная, льняна́я промы́шленность, произво́дство тка́ней.

IV. Соедини́те слова́ и словосочета́ния с их определе́нием, сино́нимом (*Табли́ца* 11.1).

Табли́ца 11.1

Слова́ и словосочета́ния	Определе́ние, сино́ним
приро́дные ресу́рсы	сельскохозя́йственный
индустриа́льный	везде́
агра́рный	разведе́ние кру́пного рога́того скота́
повсеме́стно	коро́вы, быки́
виногра́дарство	нефть, газ, у́голь, алма́зы, древеси́на
ци́трусовые	промы́шленный
скотово́дство	апельси́ны, лимо́ны, грейпфру́ты
кру́пный рога́тый скот	выра́щивание виногра́да

V. Прочита́йте предложе́ния. Вы согла́сны с тем, что напи́сано? Е́сли нет, то испра́вьте оши́бки.

1. Перераба́тывающие о́трасли обеспе́чивают созда́ние проду́кции на осно́ве испо́льзования приро́дных ресу́рсов.

2. Основны́м ви́дом се́льского хозя́йства в Росси́и явля́ется животново́дство, так как им мо́жно занима́ться кру́глый год в отли́чие от земледе́лия.

3. Лесно́е хозя́йство не име́ет большо́го значе́ния для эконо́мики Росси́и.

4. Для произво́дства электроэне́ргии в стране́ испо́льзуются то́лько теплов́ые и а́томные электроста́нции.

5. В Росси́и произво́дят разли́чные ви́ды тка́ней, в том числе́ шерстяны́е и шёлковые.

РАЗДЕ́Л 2　МЕ́НЕДЖМЕНТ

ТЕКСТ 1　ОРГАНИЗУ́ЮЩАЯ ФУ́НКЦИЯ ЛОГИ́СТИКИ

Организу́ющая фу́нкция. В проце́ссе товародвиже́ния ме́жду поставщика́ми, производи́телями и сбытовика́ми устана́вливаются и реализу́ются хозя́йственные свя́зи. Объекти́вной осно́вой хозя́йственных свя́зей выступа́ет разделе́ние труда́ по ста́диям товародвиже́ния, кото́рое ведёт к обособле́нию отде́льных проце́ссов и вызыва́ет потре́бность нала́живания объединя́ющих разли́чные сфе́ры свя́зей. Реше́ние да́нной зада́чи осуществля́ется посре́дством организа́ции в ра́мках еди́ного пото́кового проце́сса перемеще́ния материа́лов и информа́ции по всей це́пи от производи́теля к потреби́телю, обеспе́чения взаимоде́йствия отде́льных ста́дий и согласова́ния де́йствий всех уча́стников товародвиже́ния.

Но́вые слова́

связь	连接(阴)	осуществля́ться	实现
разделе́ние	分离	перемеще́ние	转移；移动
обособле́ние	独立	цепь	链(阴)
нала́живание	调整；建立		

Зада́ния к те́ксту

1. Отве́тьте на сле́дующие вопро́сы по содержа́нию те́кста.

(1) Каки́е свя́зи устана́вливаются ме́жду поставщика́ми, производи́телями и сбытовика́ми в проце́ссе товародвиже́ния?

(2) Назови́те объекти́вную осно́ву да́нных свя́зей.

(3) Как реша́ется зада́ча разделе́ния труда́?

2. Соста́вьте предложе́ния со сле́дующими слова́ми.

(1) связь

(2) разделе́ние = обособле́ние (сино́нимы)

(3) осуществля́ться

(4) цепь

ТЕКСТ 2　УПРАВЛЯ́ЮЩАЯ ФУ́НКЦИЯ ЛОГИ́СТИКИ

Управля́ющая фу́нкция. Для того́ что́бы доби́ться рациона́льного взаимоде́йствия и согласова́ния всех часте́й рассма́триваемого проце́сса, необходи́мо им управля́ть. Логисти́ческое управле́ние напра́влено на эконо́мию всех ви́дов ресу́рсов, сокраще́ние затра́т живо́го и овеществлённого труда́ на сты́ках ста́дий товародвиже́ния. В широ́ком смы́сле управля́ющее возде́йствие логи́стики на проце́сс движе́ния материа́лов заключа́ется в поддержа́нии пара́метров материалопроводя́щей систе́мы в за́данных преде́лах.

Но́вые слова́

напра́вленный	有明确方向的	труд	劳动
сокраще́ние	削减	стык	对接点
живо́й	活着的	преде́л	范围
овеществлённый	物化的		

Зада́ния к те́ксту

1．Отве́тьте на сле́дующие вопро́сы по содержа́нию те́кста.

（1）На что напра́влено логисти́ческое управле́ние?

（2）В чём заключа́ется управля́ющая фу́нкция логи́стики в широ́ком смы́сле?

2．Соста́вьте предложе́ния со сле́дующими слова́ми.

（1）напра́влен на что

（2）сокраще́ние = уменьше́ние（сино́нимы）

（3）труд

（4）стык = грани́ца（сино́нимы）

ТЕКСТ 3　МАТЕРИА́ЛЬНЫЙ ПОТО́К

Материа́льный пото́к — э́то проду́кция в ви́де гру́зов, дета́лей, това́рно-материа́льных це́нностей, рассма́триваемая в проце́ссе приложе́ния к ней разли́чных логисти́ческих（транспортиро́вка, склади́рование и др.）и технологи́ческих（механи́ческая обрабо́тка, сбо́рка и др.）опера́ций.

Материа́льный пото́к, рассма́триваемый не на временно́м интерва́ле, а в да́нный моме́нт вре́мени, явля́ется материа́льным запа́сом.

Но́вые слова́

груз	货物	приложе́ние	应用
дета́ль	零件(阴)	интерва́л	时间间隔
це́нность	价值(阴)		

Зада́ния к те́ксту

1. Отве́тьте на сле́дующие вопро́сы по содержа́нию те́кста.

   (1) Как вы по́няли, что тако́е материа́льный пото́к? Каки́е опера́ции вхо́дят в него́?

   (2) А что тако́е материа́льный запа́с?

2. Соста́вьте предложе́ния со сле́дующими слова́ми.

   (1) груз

   (2) це́нность

   (3) интерва́л

УРО́К 12

РАЗДЕ́Л 1　ТЕКСТ

ЭКОНО́МИКА РОССИ́И О́ТРАСЛИ ХОЗЯ́ЙСТВА (2)

Металлурги́ческий ко́мплекс в Росси́и включа́ет добы́чу и обогаще́ние металли́ческих руд, вы́плавку мета́ллов, перерабо́тку втори́чного сырья́. В соста́в ко́мплекса вхо́дят чёрная и цветна́я металлурги́я.

Машинострои́тельный ко́мплекс обеспе́чивает свое́й проду́кцией все о́трасли наро́дного хозя́йства. От него́ в реша́ющей сте́пени зави́сит разви́тие страны́. Машинострои́тельные предприя́тия в Росси́и выпуска́ют деся́тки ты́сяч наименова́ний проду́кции: от отде́льных ме́лких дета́лей до гото́вых изде́лий (легковы́е и грузовы́е автомоби́ли, корабли́, самолёты, вое́нная и сельскохозя́йственная те́хника и т. п.).

Большо́е значе́ние для разви́тия всех о́траслей произво́дства име́ет тра́нспорт. Суще́ствуют железнодоро́жный, автомоби́льный, морско́й, речно́й, авиацио́нный, трубопрово́дный ви́ды тра́нспорта. Железнодоро́жный тра́нспорт игра́ет в Росси́и важне́йшую роль, им перево́зится свы́ше 40% гру́зов и бо́лее тре́ти всех пассажи́ров. Автомоби́ли осуществля́ют основны́е перево́зки в города́х и при́городах. Морско́й тра́нспорт в Росси́и отвеча́ет в основно́м за вне́шнюю торго́влю, а речно́й — специализи́руется на перево́зке строи́тельных материа́лов. Авиа́ция перево́зит сро́чные гру́зы и скоропо́ртящиеся проду́кты, а та́кже её важне́йшей зада́чей явля́ется перево́зка пассажи́ров.

На разви́тие всех други́х отрасле́й непосре́дственно влия́ет о́трасль нематериа́льной сфе́ры — информацио́нная инфраструкту́ра. Телекоммуникацио́нные се́ти: ра́дио и телеви́дение, телефо́нная связь, интерне́т — ока́зывают влия́ние на о́браз жи́зни люде́й, а та́кже на геополити́ческое положе́ние страны́ в це́лом. Пе́ред прави́тельством стои́т зада́ча модерниза́ции и разви́тия да́нного ви́да инфраструкту́ры, так как в э́том в пе́рвую о́чередь заключа́ется успе́шное разви́тие всей эконо́мики Росси́и.

В соста́в социа́льной инфраструкту́ры (сфе́ры обслу́живания) вхо́дят жили́щно-коммуна́льное хозя́йство (эксплуата́ция жилья́, электро-, тепло-, газоснабже́ние), здравоохране́ние (поликли́ники, больни́цы, апте́ки), бытово́е обслу́живание (ателье́, ремо́нтные мастерски́е, химчи́стки), обще́ственное пита́ние (столо́вые, кафе́, рестора́ны), ро́зничная торго́вля (магази́ны, ры́нки), учрежде́ния культу́ры (теа́тры, музе́и, библиоте́ки), образова́ние (де́тские сады́, шко́лы, ву́зы), рекреацио́нное хозя́йство (санато́рии, дома́ о́тдыха, турба́зы) и креди́тно-фина́нсовое обслу́живание (страховы́е компа́нии, ба́нки).

Зада́ния к те́ксту

I. Вы́учите но́вые слова́ и словосочета́ния.

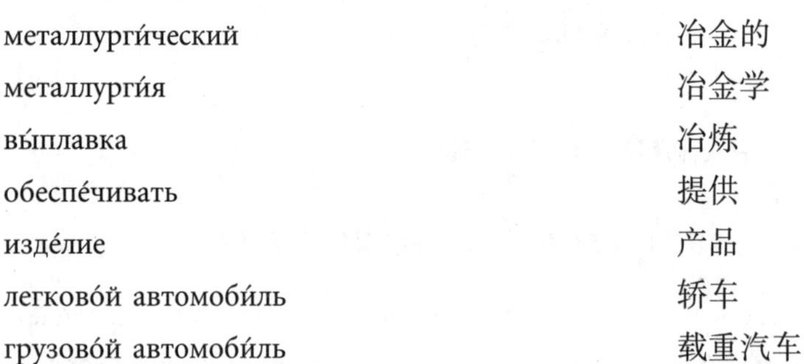

металлурги́ческий 冶金的
металлурги́я 冶金学
вы́плавка 冶炼
обеспе́чивать 提供
изде́лие 产品
легково́й автомоби́ль 轿车
грузово́й автомоби́ль 载重汽车
кора́бль 船舶(阳)
трубопрово́дный 管道的
скоропо́ртящийся 易腐烂的
геополити́ческий 地缘政治的
сфе́ра обслу́живания 服务行业
жили́щно-коммуна́льное хозя́йство 住宅及公用设施
эксплуата́ция 剥削
ателье́ 工作室
ремо́нтная мастерска́я 修理厂
химчи́стка 干洗店
ро́зничный 零售的
учрежде́ние 机构
рекреацио́нный 休养的
санато́рий 疗养院
турба́за 旅行基地
страхова́я компа́ния 保险公司
креди́тно-фина́нсовое обслу́живание 金融信贷服务

II. Отве́тьте на вопро́сы.

1. Что включа́ет в себя́ металлурги́ческий ко́мплекс страны́?

2. Перечи́слите ви́ды тра́нспорта, распространённые в Росси́и. Како́й из них игра́ет важне́йшую роль в стране́? Как вы ду́маете, почему́?

3. Назови́те о́трасли нематериа́льной сфе́ры в эконо́мике страны́.

4. Как вы ду́маете, от каки́х о́траслей в пе́рвую о́чередь зави́сит разви́тие эконо́мики Росси́и? А что об э́том говори́тся в те́ксте? Вы согла́сны?

III. Запо́лните про́пуски в соотве́тствии с содержа́нием те́кста.

1. В соста́в ко́мплекса вхо́дят чёрная и цветна́я ________.

2. Машинострои́тельный ко́мплекс ________ свое́й проду́кцией все о́трасли наро́дного хозя́йства.

3. ________ тра́нспорт в Росси́и отвеча́ет в основно́м за вне́шнюю торго́влю, а речно́й — специализи́руется на перево́зке строи́тельных материа́лов.

4. Телекоммуникацио́нные се́ти: ра́дио и телеви́дение, телефо́нная связь, интерне́т—ока́зывают влия́ние на о́браз жи́зни люде́й, а та́кже на ________ положе́ние страны́ в це́лом.

5. В соста́в социа́льной инфраструкту́ры вхо́дят ________ хозя́йство, здравоохране́ние, бытово́е обслу́живание, обще́ственное пита́ние, ро́зничная торго́вля, учрежде́ния культу́ры, образова́ние, рекреацио́нное хозя́йство и креди́тно-фина́нсовое обслу́живание.

IV. Соедини́те слова́ и словосочета́ния с их определе́нием, сино́нимом (Табли́ца 12. 1).

Табли́ца 12. 1

Слова́ и словосочета́ния	Определе́ние, сино́ним
обеспе́чивать	сфе́ра обслу́живания
в реша́ющей сте́пени	испо́льзование жилья́, электро-, тепло-, газоснабже́ние
изде́лие	соверше́нствование
сро́чный	в основно́м, в пе́рвую о́чередь
скоропо́ртящийся	восстанови́тельный
телекоммуникацио́нные се́ти	проду́кт
модерниза́ция	оснаща́ть, снабжа́ть, де́лать возмо́жным
социа́льная инфраструкту́ра	дом о́тдыха и здоро́вья
жили́щно-коммуна́льное хозя́йство	ра́дио, телеви́дение, телефо́нная связь, интерне́т
ро́зничная торго́вля	не допуска́ющий промедле́ния
санато́рий	испо́льзование
рекреацио́нный	торго́вля пошту́чно
эксплуата́ция	не мо́жет до́лго храни́ться

V. Прочита́йте предложе́ния. Вы согла́сны с тем, что напи́сано? Е́сли нет, то испра́вьте оши́бки.

1. Машинострои́тельный ко́мплекс страны́ обеспе́чивает свое́й проду́кцией не́которые о́трасли наро́дного хозя́йства.

2. Машинострои́тельные предприя́тия в Росси́и выпуска́ют то́лько гото́вые изде́лия.

3. В Росси́и нет своего́ морско́го тра́нспорта, так как внутри́ страны́ нет море́й.

4. В да́нный моме́нт пе́ред прави́тельством Росси́и стои́т зада́ча модерниза́ции и разви́тия информацио́нной инфраструкту́ры, так как в э́том заключа́ется успе́шное разви́тие

эконо́мики страны́.

5. Социа́льная инфраструкту́ра включа́ет в себя́ о́трасли обслу́живания населе́ния.

РАЗДЕ́Л 2 МЕ́НЕДЖМЕНТ

ТЕКСТ 1 ФИНА́НСОВЫЙ ПОТО́К

Фина́нсовый пото́к — э́то напра́вленное движе́ние фина́нсовых ресу́рсов.

Возника́ют фина́нсовые пото́ки при возмеще́нии логисти́ческих затра́т и изде́ржек, привлече́нии средств из исто́чников финанси́рования, возмеще́нии (в де́нежном эквивале́нте) за реализо́ванную проду́кцию и ока́занные услу́ги уча́стникам логисти́ческой це́пи.

Механи́зм фина́нсового обслу́живания това́рных пото́ков явля́ется в настоя́щее вре́мя наиме́нее изу́ченной о́бластью логи́стики.

Но́вые слова́

возника́ть	出现	эквивале́нт	等价物
возмеще́ние	补偿	услу́га	服务
привлече́ние	吸引		

Зада́ния к те́ксту

1. Отве́тьте на сле́дующие вопро́сы по содержа́нию те́кста.

(1) Как вы по́няли, что тако́е фина́нсовый пото́к?

(2) Когда́ возника́ют фина́нсовые пото́ки?

(3) В да́нный моме́нт вре́мени механи́зм фина́нсового пото́ка хорошо́ изу́чен? Как вы ду́маете, почему́?

2. Соста́вьте предложе́ния со сле́дующими слова́ми.

(1) возника́ть = появля́ться (сино́нимы)

(2) эквивале́нт = что́-то равнозна́чное

(3) услу́га

ТЕКСТ 2 ИНФОРМАЦИО́ННЫЙ ПОТО́К

Информацио́нный пото́к — э́то пото́к сообще́ний в речево́й, бума́жной, электро́нной фо́рмах, сопу́тствующий материа́льному пото́ку в рассма́триваемой логисти́ческой систе́ме и предназна́ченный в основно́м для реализа́ции управля́ющих возде́йствий.

Но́вые слова́

сопу́тствующий	伴随的	в основно́м	主要
предназна́ченный	指定的		

Зада́ния к те́ксту

1. Отве́тьте на сле́дующие вопро́сы по содержа́нию те́кста.
   (1) Как вы по́няли, что тако́е информацио́нный пото́к?
   (2) Для чего́ в основно́м предназна́чен информацио́нный пото́к?
2. Соста́вьте предложе́ния со сле́дующими слова́ми.
   (1) сопу́тствующий = сопровожда́ющий, паралле́льный (сино́нимы)
   (2) в основно́м

ТЕКСТ 3　СЕ́РВИСНЫЙ ПОТО́К

Се́рвисные пото́ки — э́то пото́ки услу́г (нематериа́льной де́ятельности, осо́бого ви́да проду́кции и́ли това́ра), генери́руемые логисти́ческой систе́мой в це́лом и́ли её подсисте́мой (звено́м, элеме́нтом) с це́лью удовлетворе́ния вне́шних и́ли вну́тренних потре́бностей организа́ции.

Междунаро́дный станда́рт ISO 8402:1994 определя́ет те́рмин "услу́га" как ито́ги непосре́дственного взаимоде́йствия поставщика́ и потреби́теля, а та́кже вну́тренней де́ятельности поставщика́ по удовлетворе́нию потре́бностей потреби́теля.

Се́рвис (проце́сс предоставле́ния услу́ги) — де́ятельность поставщика́, необходи́мая для обеспе́чения услу́ги.

В после́дние го́ды прерогати́вой логи́стики явля́ется управле́ние се́рвисными пото́ками, так как большинство́ компа́ний произво́дят не то́лько гото́вую проду́кцию, но и ока́зывают сопу́тствующие услу́ги. Кро́ме того́, логисти́ческий подхо́д оказа́лся эффекти́вным и для предприя́тий, ока́зывающих то́лько услу́ги (тра́нспортные, экспеди́торские, грузоперераба́тывающие и др.).

Но́вые слова́

се́рвисный	服务的	те́рмин	术语
экспеди́торский	发行的	ито́г	结果
в це́лом	整体上	предоставле́ние	提供
удовлетворе́ние	满意	прерогати́ва	特权
станда́рт	标准		

Зада́ния к те́ксту

1. Отве́тьте на сле́дующие вопро́сы по содержа́нию те́кста.

(1) Как вы по́няли, что тако́е се́рвисный пото́к?

(2) Назови́те уча́стников проце́сса предоставле́ния услу́ти.

(3) Каки́м сло́вом называ́ется предоставле́ние услу́ти?

(4) Почему́ в после́дние го́ды прерогати́вой логи́стики ста́ло управле́ние се́рвисными пото́ками?

2. Соста́вьте предложе́ния со сле́дующими слова́ми.

(1) в це́лом = в основно́м (сино́нимы)

(2) ито́г = результа́т (сино́нимы)

(3) прерогати́ва = преиму́щество (сино́нимы)

УРÓК 13

РАЗДÉЛ 1 ТЕКСТ

РУ́ССКАЯ ЛИТЕРАТУ́РА XX—XXI ВЕКÓВ (1)

Литерату́ра серéбряного вéка — так называ́ют поэ́зию и прóзу нача́ла XX вéка. Са́мые извéстные писа́тели э́того врéмени — А. М. Гóрький, И. А. Бу́нин, А. И. Купри́н.

Гóрький писа́л о подготóвке револю́ции (《Мать》《Жизнь Кли́ма Самгина́》). Са́мые же егó извéстные произведéния — э́то трилóгия о взрослéнии твóрческой ли́чности 《Дéтство》《В лю́дях》《Мои́ университéты》.

Бу́нин и Купри́н эмигри́ровали за грани́цу и опи́сывали жизнь дореволюциóнной Росси́и. Óба они́ писа́ли о любви́: цикл расска́зов Бу́нина 《Тёмные аллéи》, расска́з 《Грана́товый браслéт》 и пóвесть 《Олéся》 Куприна́.

В поэ́зии основны́е имена́ — А. А. Блок, А. А. Ахма́това, М. И. Цвета́ева.

Твóрчество Блóка принадлежа́ло к такóму литерату́рному течéнию, как символи́зм. Слова́ приобрета́ли глубóкий та́йный смысл. Стихотворéние 《Ночь. У́лица. Фона́рь. Аптéка》 — о бесконéчности и повторя́емости процéсса бытия́.

Ахма́това внесла́ в ру́сскую поэ́зию тéму ли́чного сча́стья жéнщины. В гóды Вели́кой Отéчественной войны́ онá написа́ла стихотворéние 《Му́жество》, призыва́ющее совéтских людéй не па́дать ду́хом.

Цвета́ева писа́ла о траги́ческой судьбé поэ́та, непóнятого совремéнниками. Тéма поэ́та и поэ́зии — ключева́я в её твóрчестве.

Пóсле 1917 гóда, когда́ в Росси́и установи́лась совéтская власть, госуда́рство ста́ло ста́вить пéред литерату́рой нóвые зада́чи. Мнóгие писа́тели уéхали за грани́цу. Их твóрчество ста́ло называ́ться литерату́рой ру́сского зарубéжья. К её представи́телям относится В. В. Набóков.

В 20-е гóды развива́ются ма́лые жа́нры: пóвесть и расска́з. Óчень интерéсно, напримéр, твóрчество А. С. Гри́на, писа́теля-рома́нтика, котóрый писа́л о мечтé. Егó пóвесть 《А́лые паруса́》 расска́зывает о том, как мóжно созда́ть реа́льное чу́до ра́ди любви́.

В 30-е гóды станóвится популя́рным жанр рома́на. В э́то врéмя свои́ произведéния пи́шут М. А. Шóлохов (《Ти́хий дон》 — о жи́зни казакóв во врéмя Вели́кой Октя́брьской револю́ции) и А. Н. Толстóй (《Пётр I》 — об истóрии Росси́и времён правлéния э́того императора).

М. А. Булга́ков и А. П. Платóнов — э́то так называ́емые "Возвращённые имена́", так как с их твóрчеством лю́ди познакóмились ужé пóсле их смéрти. Сáмое извéстное и óчень интерéсное произведéние Булгáкова — егó ромáн《Мáстер и Маргари́та》. Это слóжный философский ромáн о жи́зни и смéрти, любви́, смы́сле жи́зни. Платóнов же писáл о своéй странé в эпóху перемéн. Егó жанр — антиутóпия. Сáмые извéстные егó произведéния —《Котловáн》《Чевенгýр》и《Ювени́льное мóре》.

Задáния к тéксту

I. Вы́учите нóвые словá и словосочетáния.

поэ́зия	诗歌	мýжество	勇气
прóза	散文	ключевóй	关键的，主要的
трилóгия	三部曲	мечтá	梦想
твóрческий	创造(性)的	áлый	大红色的
эмигри́ровать	移民	пáрус	帆
аллéя	林荫道	чýдо	奇迹
гранáтовый	鲜红色的	казáк	哥萨克(人)
браслéт	手镯	антиутóпия	反乌托邦
течéние	派别，流派	котловáн	基坑
символи́зм	象征意义	ювени́льный	初生的，原生的

II. Отвéтьте на вопрóсы.

А.

1. Как называ́ют рýсскую литератýру начáла XX вéка?
2. Назови́те наибóлее извéстных представи́телей рýсской литератýры начáла XX вéка.
3. О чём былá поэ́зия серéбряного вéка?
4. Какóй жанр станóвится популя́рным в 30-е гóды XX вéка? Как вы дýмаете, почемý?

Б.

1. Когó из представи́телей серéбряного вéка вы читáли? На какóм языкé вы читáли произведéния серéбряного вéка?
2. Кто вам запóмнился бóльше всегó? Почемý?

III. Запóлните прóпуски в соотвéтствии с содержáнием тéкста.

1. Сáмые извéстные произведéния А. М. Гóрького — э́то трилóгия о взрослéнии твóрческой ________.
2. И. А. Бýнин и А. И. Купри́н писáли о ________.
3. Твóрчество А. А. Блóка принадлежáло к такóму литератýрному ________, как символи́зм.
4. Тéма поэ́та и ________ — основнáя в твóрчестве М. И. Цветáевой.
5. А. С. Грин писáл о ________.

IV. Соедини́те слова́ и словосочета́ния с их определе́нием, сино́нимом(Табли́ца 13. 1).

Табли́ца 13. 1

Слова́ и словосочета́ния	Определе́ние, сино́ним
литерату́ра серéбряного вéка	отча́иваться, унывáть, глубокó расстра́иваться
трило́гия	что́-то необыкнове́нное
эмигри́ровать	представле́ние об о́бществе, кото́рое нежела́тельно и кото́рое пуга́ет
символи́зм	состоя́щий из трёх часте́й
па́дать ду́хом	основно́й
чу́до	литерату́рное тече́ние, в кото́ром большу́ю роль игра́ют си́мволы
антиуто́пия	ру́сская поэ́зия и про́за нача́ла XX ве́ка
ключево́й	уе́хать за грани́цу

V. Прочита́йте предложе́ния. Вы согла́сны с тем, что напи́сано? Е́сли нет, то испра́вьте оши́бки.

1. А. М. Го́рький писа́л о подгото́вке револю́ции.

2. В тво́рчестве А. А. Бло́ка слова́ превраща́лись в си́мволы и име́ли глубо́кий та́йный смысл.

3. По́сле установле́ния сове́тской вла́сти госуда́рство ста́ло ста́вить пе́ред литерату́рой но́вые зада́чи.

4. В 20-е го́ды развива́ется тако́й жанр, как рома́н.

5. Все писа́тели, кото́рые занима́лись тво́рчеством в 30-е, 40-е го́ды XX ве́ка, бы́ли широко́ изве́стны чита́телю ещё при их жи́зни.

РАЗДЕ́Л 2 ДИЗА́ЙН

ПРОПЕДЕ́ВТИКА (КОМПОЗИ́ЦИЯ)

Дисципли́на “Пропеде́втика (компози́ция)” ста́вит свое́й це́лью изуче́ние и освое́ние основны́х при́нципов композицио́нного построе́ния, разви́тия объёмно-простра́нственного мышле́ния, взаимоде́йствия пло́ских и объёмных элеме́нтов и цве́та на пло́скости и в простра́нстве. Осва́иваются разли́чные приёмы гармониза́ции и те́хники построе́ния компози́ций. Да́нная дисципли́на представля́ет собо́й глуби́нную органи́чную осно́ву диза́йна промы́шленных изде́лий. И́менно о́бщее композицио́нное реше́ние в совоку́пности с компози́цией нюа́нсов и дета́лей определя́ет о́браз и вне́шний вид изде́лия — неотъе́млемые составля́ющие его о́бщего диза́йна. Поэ́тому да́нный курс явля́ется одно́й из важне́йших составля́ющих програ́ммы подгото́вки промы́шленных диза́йнеров. В хо́де ле́кций студе́нты знако́мятся с разли́чными ви́дами компози́ции в иску́сстве, архитекту́ре и промы́шленном диза́йне, основны́ми зако́нами её построе́ния, у́чатся анализи́ровать уже́ гото́вые композицио́нные реше́ния. Семина́рские заня́тия посвящены́ практи́ческим заня́тиям по созда́нию плоскостны́х, релье́фных и объёмно-простра́нственных компози́ций. Студе́нты получа́ют на́выки рабо́ты с разли́чными материа́лами и те́хниками, развива́ют "ви́дение и чу́вство компози́ции", у́чатся тво́рчески подходи́ть к по́иску и вы́бору композицио́нных реше́ний. Дисципли́на "Осно́вы компози́ции в промы́шленном диза́йне" по своему́ хара́ктеру отча́сти близка́ к ку́рсу "Скульпту́ра и пласти́ческое модели́рование", дополня́ет и тво́рчески обогаща́ет его́. Поэ́тому методи́чески дисципли́ны те́сно свя́заны: часть уче́бных упражне́ний и зада́ний явля́ются о́бщими для обо́их ку́рсов, логи́чно дополня́ют друг дру́га, де́лая проце́сс обуче́ния бо́лее интегри́рованным, а рабо́ту студе́нтов тво́рчески интере́сной, бо́лее осмы́сленной и целенапра́вленной. Зна́ния, на́выки и о́пыт, полу́ченные в хо́де изуче́ния настоя́щего ку́рса, студе́нты в дальне́йшем акти́вно испо́льзуют в основно́м ку́рсе "Диза́йн-проекти́рование" а та́кже в ку́рсах "Специа́льный рису́нок" и "Проекти́рование упако́вки и сопроводи́тельной документа́ции".

Но́вые слова́

пропеде́втика	基础知识
ста́вить/поста́вить цель	设定目标
освое́ние	掌握
построе́ние	结构
мышле́ние	思维
пло́ский	平面的
объёмный	立体的
пло́скость	平面(阴)
приём	方式,方法
гармониза́ция	协调
те́хника	技术
представля́ть собо́й	是
органи́чный	固有的
и́менно	正是,即
совоку́пность	总和,组合,结合(阴)
нюа́нс	细微差异
дета́ль	细节;零件(阴)
определя́ть/определи́ть	确定,规定
неотъе́млемый	不可分离的
составля́ющий	部分,成分

подгото́вка	培养,训练
диза́йнер	设计师
в хо́де чего́	在……过程中
анализи́ровать	分析
гото́вый	现成的,准备好的
семина́рский	课堂讨论的
релье́фный	浮雕的
ви́дение	视觉
по́иск	寻找
вы́бор	选择
отча́сти	在某种程度上
бли́зкий к чему́	相近的,相似的
скульпту́ра	雕塑
пласти́ческое модели́рование	塑性模拟
дополня́ть/допо́лнить	补充
обогаща́ть/обогати́ть	丰富
те́сно	紧密地
свя́занный с кем/чем	与……联系的
логи́чно	合乎逻辑地
интегри́ровать	使整体化,使一体化
осмы́сленный	有理性的
целенапра́вленный	有针对性的
дальне́йший	今后的,进一步的
упако́вка	包装
сопроводи́тельная документа́ция	随附文件

Зада́ния к те́ксту

1. Переведи́те сле́дующие словосочета́ния на кита́йский язы́к.

(1) композицио́нное построе́ние

(2) ста́вить что свое́й це́лью

(3) взаимоде́йствие пло́ских и объёмных элеме́нтов

(4) представля́ть собо́й что

(5) неотъе́млемая составля́ющая

(6) програ́мма подгото́вки промы́шленных диза́йнеров

(7) в хо́де чего́

(8) практи́ческие заня́тия по чему́

(9) скульпту́ра и пласти́ческое модели́рование

(10) логи́чно дополня́ть друг дру́га

2. Переведи́те сле́дующие словосочета́ния на ру́сский язы́к.

(1) 基本原理

(2) 立体思维的发展

(3) 有机基础

(4) 工业产品设计

(5) 决定产品的形象和外观

(6) 各种类型的构图

(7) 基本规律

(8) 分析现成的构图方案

(9) 构图的视觉和感觉

(10) 与……在性质上有些相似

3. Отве́тьте на сле́дующие вопро́сы по содержа́нию те́кста.

(1) Что явля́ется це́лью дисципли́ны "Пропеде́втика (компози́ция)"?

(2) Почему́ да́нный курс явля́ется одно́й из важне́йших составля́ющих програ́ммы подгото́вки промы́шленных диза́йнеров?

(3) Чему́ посвящены́ семина́рские заня́тия?

(4) Каки́е на́выки получа́ют студе́нты в хо́де изуче́ния да́нной дисципли́ны?

(5) Как свя́заны дисципли́ны "Осно́вы компози́ции в промы́шленном диза́йне" и "Скульпту́ра и пласти́ческое модели́рование"?

УРО́К 14

РАЗДЕ́Л 1 ТЕКСТ

РУ́ССКАЯ ЛИТЕРАТУ́РА XX—XXI ВЕКО́В (2)

В 40–е го́ды жизнь литерату́ры определя́ет Вели́кая Оте́чественная война́ (1941—1945 го́ды). В э́то вре́мя основна́я те́ма для поэ́тов и писа́телей — борьба́ с инозе́мными захва́тчиками.

О́чень популя́рный поэ́т и писа́тель XX ве́ка — Б. Л. Пастерна́к. В его́ поэ́зии определя́ется ме́сто челове́ка в ми́ре. А в рома́не《До́ктор Жива́го》расска́зывается о том, как лю́ди и́щут смысл жи́зни в тру́дные для страны́ времена́.

В 60–е го́ды в стране́ начина́ется так называ́емая О́ттепель. Э́то вре́мя, когда́ ли́рика вновь стано́вится о́чень популя́рна, как э́то бы́ло в нача́ле ве́ка. Сно́ва в литерату́ру возвраща́ется те́ма ли́чности. Поэ́ты выступа́ют с публи́чным чте́нием свои́х стихо́в. Выделя́ется два усло́вных тече́ния в поэ́зии: ти́хая и гро́мкая ли́рика. Ти́хая ли́рика — о тради́циях и судьбе́ Росси́и (Н. М. Рубцо́в). Гро́мкая ли́рика — о гражда́нской пози́ции и совреме́нных пробле́мах (Е. А. Евтуше́нко, А. А. Вознесе́нский, Р. И. Рожде́ственский).

В 60–е го́ды та́кже появля́ется антитоталита́рная про́за. Э́то произведе́ния писа́телей, кото́рые побыва́ли в заключе́нии из–за полити́ческих убежде́ний. А. И. Солжени́цын написа́л расска́з《Оди́н день Ива́на Дени́совича》, кото́рый был напеча́тан А. Т. Твардо́вским в журна́ле《Но́вый мир》. В э́том расска́зе говори́тся об одно́м дне из жи́зни полити́ческого заключённого в ла́гере. Други́е произведе́ния а́втора, таки́е как《В кру́ге пе́рвом》и《Архипела́г ГУЛА́Г》, бы́ли напеча́таны уже́ за грани́цей.

Друго́й представи́тель антитоталита́рной про́зы — В. Т. Шала́мов. Его́ кни́га《Колы́мские расска́зы》была́ напеча́тана в 80–е го́ды уже́ по́сле сме́рти а́втора.

В поэ́зии 60–70–х годо́в са́мое изве́стное и́мя — И. А. Бро́дский. Его́ стихи́ о́чень необы́чны и сло́жны.

Лауре́аты Но́белевской пре́мии по литерату́ре в XX ве́ке — э́то И. А. Бу́нин, М. А. Шо́лохов, Б. Л. Пастерна́к, А. И. Солжени́цын, И. А. Бро́дский.

Совреме́нная литерату́ра начала́ своё формирова́ние в конце́ XX ве́ка. Оди́н из са́мых изве́стных совреме́нных писа́телей А. Н. Варла́мов. В 1995 году́ он написа́л по́весть《Рожде́ние》, в кото́рой описа́л рожде́ние ребёнка в тру́дное вре́мя, жизнь страны́, жизнь семьи́. Варла́мов — писа́тель–реали́ст: он опи́сывает жизнь тако́й, кака́я она́ есть на самом де́ле.

Кро́ме реали́зма, в совреме́нной ру́сской литерату́ре есть тако́е направле́ние, как постмодерни́зм. Его́ представи́тель — В. О. Пеле́вин. Оди́н из са́мых значи́тельных рома́нов э́того а́втора называ́ется《Чапа́ев и Пустота́》.

Зада́ния к те́ксту

I. Вы́учите но́вые слова́ и словосочета́ния.

инозе́мный	外国的	убежде́ние	信仰；信念
захва́тчик	侵略者	расска́з	故事，短篇小说
о́ттепель	解冻(阴)	ла́герь	拘留地点(阳)
публи́чный	公开的	архипела́г	群岛
усло́вный	有条件的	ти́хий	安静的；静派的
гро́мкий	大声的；激昂的	ли́рика	抒情诗
гражда́нский	公民的	реали́ст	现实主义者
антитоталита́рный	反极权主义的	реали́зм	现实主义
заключе́ние	禁闭，监禁	постмодерни́зм	后现代主义
Но́белевская пре́мия	诺贝尔奖		

II. Отве́тьте на вопро́сы.

1. В каки́е го́ды в Росси́и начина́ется О́ттепель? В чём она́ заключа́лась в отноше́нии литерату́ры?

2. Что зна́чит антитоталита́рная про́за? Назови́те её представи́телей.

3. Назови́те ру́сских лауре́атов Но́белевской пре́мии.

4. Назови́те представи́телей совреме́нной литерату́ры Росси́и. Кого́ вы зна́ете? О чём они́ пи́шут?

5. Произведе́ния кого́ из перечи́сленных писа́телей вы чита́ли?

III. Запо́лните про́пуски в соотве́тствии с содержа́нием те́кста.

1. В 40-е го́ды основна́я те́ма для поэ́тов и писа́телей в СССР — э́то борьба́ с инозе́мными ________.

2. В 60-е го́ды поэ́ты выступа́ют с ________ чте́нием свои́х стихо́в.

3. ________ ли́рика — э́то ли́рика о гражда́нской пози́ции, о совреме́нных пробле́мах.

4. Кни́га В. Т. Шала́мова《Колы́мские расска́зы》была́ напеча́тана в 80-е го́ды уже́ по́сле ________ а́втора.

5. Кро́ме ________, в совреме́нной ру́сской литерату́ре есть тако́е направле́ние, как постмодерни́зм.

IV. Соедини́те слова́ с их определе́нием, сино́нимом (*Табли́ца* 14. 1).

Табли́ца 14. 1

Слова́	Определе́ние, сино́ним
инозе́мный	тюрьма́, аре́ст
о́ттепель	мне́ние, то́чка зре́ния, ве́ра
публи́чный	литерату́рное тече́ние, согла́сно кото́рому жизнь представля́ют тако́й, кака́я она́ есть на са́мом де́ле
гро́мкий	чужестра́нный, зарубе́жный
убежде́ние	обще́ственный
заключе́ние	вре́мя, когда́ всё та́ет и стано́вится тепло́
реали́зм	нети́хий

V. Прочита́йте предложе́ния. Вы согла́сны с тем, что напи́сано? Е́сли нет, то испра́вьте оши́бки.

1. В 40-е го́ды жизнь литерату́ры определя́ет Вели́кая Октя́брьская револю́ция.

2. В рома́не Б. Л. Пастерна́ка 《До́ктор Жива́го》 расска́зывается о том, как лю́ди и́щут смысл жи́зни в тру́дные для страны́ времена́.

3. Во вре́мя О́ттепели про́за вновь стано́вится о́чень популя́рна, как э́то бы́ло в нача́ле ве́ка.

4. А. И. Солжени́цын стал лауреа́том Но́белевской пре́мии.

5. Совреме́нная литерату́ра начала́ своё формирова́ние в конце́ XXI ве́ка.

РАЗДЕ́Л 2 ДИЗА́ЙН

ДИЗА́ЙН-ПРОЕКТИ́РОВАНИЕ УПАКО́ВКИ

В да́нном ку́рсе слу́шатели осва́ивают пра́ктику проекти́рования упако́вки и сопроводи́тельной документа́ции как составля́ющих диза́йнерского прое́кта.

В ра́мках ку́рса рассма́триваются ви́ды и роль упако́вки и сопроводи́тельной документа́ции к промы́шленным и потреби́тельским изде́лиям, их значе́ние в це́лостном представле́нии прое́кта, ме́тоды и пра́ктика разрабо́тки.

Семина́рские заня́тия по дисципли́не "Диза́йн-проекти́рование" прово́дятся в интеракти́вном режи́ме и ста́вят свое́й це́лью освое́ние студе́нтами практи́ческой диза́йнерской прое́ктной де́ятельности. Дисципли́на изуча́ет ме́тоды проекти́рования изде́лий разли́чной сло́жности и ме́тоды реше́ния разли́чных диза́йнерских зада́ч для подгото́вки обуча́ющихся к самостоя́тельной профессиона́льной рабо́те.

В хо́де семина́рских заня́тий студе́нты знако́мятся с предме́том диза́йна, сфе́рой его́ примене́ния, совреме́нным состоя́нием, со специ́фикой диза́йн-проекти́рования, соста́вом типово́го диза́йн-прое́кта. Студе́нты осва́ивают ме́тоды ана́лиза предпрое́ктной ситуа́ции; ме́тоды постано́вки це́лей и зада́ч, вы́бора страте́гии и та́ктики диза́йн–прое́кта; ме́тоды по́иска иде́й че́рез разли́чные креати́вные те́хники; ме́тоды, подхо́ды и сре́дства концептуа́льного, эски́зного и техни́ческого диза́йн–проекти́рования. Студе́нты получа́ют практи́ческие на́выки разрабо́тки диза́йн–прое́кта изде́лий разли́чной сло́жности от аналити́ческой ста́дии до коне́чного результа́та; на́выки визуализа́ции и аргумента́ции со́бственных иде́й; на́выки рабо́ты в кома́нде.

Дома́шние зада́ния напра́влены на приобрете́ние самостоя́тельного разносторо́ннего практи́ческого о́пыта, необходи́мого в профессиона́льной де́ятельности. В диза́йн–проекти́ровании студе́нты испо́льзуют зна́ния и на́выки, полу́ченные при изуче́нии всех други́х дисципли́н ку́рса, и включа́ют их в семе́стровые зада́ния и прое́кты.

Но́вые слова́

роль	作用(阴)	та́ктика	战术
потреби́тельский	消费性的	креати́вный	创造性的
значе́ние	意义	подхо́д	方法
це́лостный	整体的	концептуа́льный	概念的
представле́ние	呈现;概念	эски́зный	草图的,画稿的
проводи́ться	举办	самостоя́тельный	独立的
сфе́ра	领域	коне́чный	最终的
примене́ние	应用	визуализа́ция	形象化,直观化
состоя́ние	状态	аргумента́ция	论证
специ́фика	特点,特色	со́бственный	私人的
ана́лиз	分析,检验	кома́нда	团队
постано́вка	提出	приобрете́ние	获得
страте́гия	战略	разносторо́нний	多方面的
ста́дия	阶段		

Зада́ния к те́ксту

1. Переведи́те сле́дующие словосочета́ния на кита́йский язы́к.
   (1) проекти́рование упако́вки
   (2) семина́рское заня́тие
   (3) совреме́нное состоя́ние
   (4) осва́ивать ме́тоды ана́лиза чего́
   (5) в профессиона́льной де́ятельности
   (6) испо́льзовать зна́ния и на́выки
   (7) семе́стровое зада́ние и прое́кт

（8）на́вык рабо́ты в кома́нде

2. Переведи́те сле́дующие словосочета́ния на ру́сский язы́к.

（1）消费品

（2）包装的类型和作用

（3）以互动的方式举办

（4）实践设计活动

（5）应用范围

（6）设计项目的战略选择

（7）目标及任务的设定方法

（8）获得实践技能

（9）家庭作业

3. Отве́тьте на сле́дующие вопро́сы по содержа́нию те́кста.

（1）Каку́ю пра́ктику осва́ивают слу́шатели в да́нном ку́рсе?

（2）Что рассма́тривается в ра́мках ку́рса?

（3）С чем знако́мятся студе́нты в хо́де семина́рских заня́тий?

（4）Каки́е ме́тоды осва́ивают студе́нты в э́том ку́рсе?

УРО́К 15

РАЗДЕ́Л 1　ТЕКСТ

ОСО́БЕННОСТИ ЭТИКЕ́ТА В РОССИ́И (1)

Этике́т — э́то общепри́нятый станда́рт, кото́рый мо́жет меня́ться по ря́ду причи́н: техни́ческий прогре́сс, глобализа́ция, сме́на полити́ческого стро́я и др. В его́ осно́ве лежа́т мане́ры поведе́ния, культу́ра обще́ния в о́бществе, кото́рые формиру́ются в тече́ние столе́тий и варьи́руются в зави́симости от определённой на́ции.

Евро́па и А́зия встреча́ются на земле́ Росси́йской Федера́ции, поэ́тому национа́льный этике́т страны́ обогаща́ется не то́лько европе́йским влия́нием, но и азиа́тским.

Ве́жливость, такти́чность, доброжела́тельность, пунктуа́льность, уважи́тельное отноше́ние к роди́телям и почита́ние семьи́, осо́бенные те́сные и бли́зкие отноше́ния с ро́дственниками характе́рны для россия́н.

Гла́вный показа́тель культу́ры челове́ка, его́ интеллиге́нтности — э́то уме́ние обща́ться, пра́вильно вести́ разгово́р, соблюда́ть пра́вила поведе́ния и речево́й этике́т. Мане́ра ре́чи зави́сит от по́ла, во́зраста и социа́льного ста́туса собесе́дника.

Основны́е но́рмы ре́чи в Росси́и:

- вести́ разгово́р споко́йным го́лосом в любы́х ситуа́циях;
- ненормати́вная ле́ксика недопусти́ма в официа́льных ситуа́циях;
- в обще́нии проявля́ть откры́тость и сочу́вствие;
- искре́нность. Це́нится и́скренняя улы́бка. Смех не приве́тствуется, поэ́тому иностра́нцы ру́сских счита́ют угрю́мыми людьми́;
- обраще́ние к незнако́мцам на “Вы”. Та́кже на́до обраща́ться к ста́ршим по ста́тусу и во́зрасту. К роди́телям в ру́сских се́мьях обы́чно обраща́ются на “ты”;
- не при́нято гро́мко спра́шивать о туале́те, расска́зывать о пробле́мах пищеваре́ния за столо́м;
- но́рма приве́тствия по этике́ту в Росси́и подразумева́ет зри́тельный конта́кт с собесе́дником;
- в зави́симости от слу́шателей стиль ре́чи отлича́ется. Невозмо́жно разгова́ривать с друзья́ми усто́йчивыми официа́льными выраже́ниями. В то же вре́мя просторе́чие при защи́те прое́кта недопусти́мо по пра́вилам делово́го этике́та.

Зада́ния к те́ксту

I. Вы́учите но́вые слова́ и словосочета́ния.

этике́т	礼仪	почита́ние	尊敬
глобализа́ция	全球化	сочу́вствие	同情
мане́ра поведе́ния	行为方式	и́скренность	真诚(阴)
пунктуа́льность	守时(阴)	цени́ться	被人珍惜
препя́тствие	障碍	угрю́мый	忧郁的
такти́чность	机智；有分寸(阴)	пищеваре́ние	消化
просторе́чие	白话		

II. Отве́тьте на вопро́сы.

А.

1. Что тако́е этике́т?
2. Назови́те основны́е черты́ этике́та в Росси́и.
3. Перечи́слите основны́е но́рмы ре́чи в Росси́и.

Б.

1. Назови́те основны́е черты́ этике́та в ва́шей стране́.
2. Перечи́слите основны́е но́рмы ре́чи в ва́шей стране́.

III. Запо́лните про́пуски в соотве́тствии с содержа́нием те́кста.

1. В осно́ве этике́та лежа́т ________ ________, культу́ра обще́ния в о́бществе, кото́рые формиру́ются в тече́ние столе́тий и варьи́руются в зави́симости от определённой на́ции.

2. Национа́льный этике́т Росси́и обогаща́ется не то́лько европе́йским влия́нием, но и ________.

3. Уважи́тельное отноше́ние к роди́телям и ________ семьи́ характе́рны для Росси́и.

IV. Соедини́те слова́ с их определе́нием, сино́нимом (Табли́ца 15. 1).

Табли́ца 15. 1

Слова́	Определе́ние, сино́ним
этике́т	пробле́ма, поме́ха, прегра́да
препя́тствие	че́стность, правди́вость
почита́ть	ненормати́вная разгово́рная речь
и́скренность	расшире́ние, интернационализа́ция
глобализа́ция	уважа́ть
просторе́чие	станда́рт поведе́ния

V. Прочита́йте предложе́ния. Вы согла́сны с тем, что напи́сано? Е́сли нет, то испра́вьте оши́бки.

1. На разви́тие этике́та ока́зывает влия́ние глобализа́ция.
2. Совреме́нный этике́т в Росси́и включа́ет в себя́ то́лько европе́йский станда́рт.

3. Мане́ра ре́чи зави́сит от по́ла, во́зраста и социа́льного ста́туса собесе́дника.

4. В Росси́и при́нято обраща́ться на “Вы” к роди́телям.

5. В официа́льной ситуа́ции в Росси́и при́нято испо́льзовать простор́ечие.

РАЗДЕ́Л 2 ДИЗА́ЙН

ТЕКСТ 1 МАКЕТИ́РОВАНИЕ

В да́нном ку́рсе обуча́ющиеся осва́ивают пласти́ческие материа́лы и их испо́льзование в прое́ктной пра́ктике; осва́ивают ме́тоды макети́рования для по́иска и прове́рки за́мысла, фо́рмы и други́х компоне́нтов прое́кта.

В ра́мках ку́рса рассма́триваются: фу́нкции макети́рования, ви́ды маке́тов; макети́рование на ра́зных ста́диях проектиро́вания; материа́лы для макети́рования и ви́ды отде́лки; совреме́нные ме́тоды бы́строго прототипи́рования.

Но́вые слова́

макети́рование	制模	компоне́нт	组成部分,要素
пласти́ческий	塑料的	фу́нкция	功能
прове́рка	检验,检测	маке́т	实体模型,样机,样本
за́мысел	构思,意图		

Зада́ния к те́ксту

1. Переведи́те сле́дующие словосочета́ния на кита́йский язы́к.
   (1) пласти́ческий материа́л
   (2) по́иск и прове́рка за́мысла и фо́рмы прое́кта
   (3) фу́нкция макети́рования
   (4) совреме́нный ме́тод
2. Переведи́те сле́дующие словосочета́ния на ру́сский язы́к.
   (1) 设计实践中的应用
   (2) 掌握制模的方法
   (3) 不同的设计阶段
   (4) 装饰类型
3. Отве́тьте на сле́дующие вопро́сы по содержа́нию те́кста.
   (1) Что обуча́ющиеся осва́ивают в да́нном ку́рсе?
   (2) Для чего́ обуча́ющиеся осва́ивают ме́тоды макети́рования?
   (3) Что рассма́тривается в ра́мках ку́рса?

ТЕКСТ 2 ОСНО́ВЫ КОНСТРУИ́РОВАНИЯ

В да́нном ку́рсе слу́шатели знако́мятся с осно́вами конструи́рования в машинострое́нии, получа́ют представле́ние о прочностны́х и эксплуатацио́нных характери́стиках констру́кций и типовы́х конструкти́вных элеме́нтах и их примене́нии.

В ра́мках ку́рса рассма́триваются: основны́е при́нципы и ме́тоды конструи́рования; осно́вы сопротивле́ния материа́лов; дета́ли маши́н.

Но́вые слова́

конструи́рование	设计,构造	характери́стика	特性
прочностно́й	耐久性的,韧性的	констру́кция	结构,构造

Зада́ния к те́ксту

1. Переведи́те сле́дующие словосочета́ния на кита́йский язы́к.
   (1) эксплуатацио́нная характери́стика
   (2) дета́ль маши́ны
   (3) типовой конструкти́вный элеме́нт
2. Переведи́те сле́дующие словосочета́ния на ру́сский язы́к.
   (1) 机械工程设计的基础
   (2) 基本原则和方法
   (3) 强度特点
   (4) 材料强度
3. Отве́тьте на сле́дующие вопро́сы по содержа́нию те́кста.
   (1) С чем знако́мятся слу́шатели в да́нном ку́рсе?
   (2) Что рассма́тривается в ра́мках ку́рса?

ТЕКСТ 3 ОСНО́ВЫ ФОРМООБРАЗОВА́НИЯ

В да́нном ку́рсе слу́шатели получа́ют зна́ния о зна́ковых систе́мах и о спо́собах их испо́льзования в прое́ктной пра́ктике.

В ра́мках ку́рса рассма́триваются: зна́ковые систе́мы, их ви́ды, ме́сто, роль и значе́ние в общекульту́рном конте́ксте; шрифтовы́е, зна́ковые, цветовы́е алфави́ты; объе́кты промы́шленного диза́йна как носи́тели графи́ческой и шрифтово́й информа́ции.

Но́вые слова́

формообразова́ние	成型,造型	шрифтово́й	字体的
зна́ковый	符号的	носи́тель	载体(阳)
конте́кст	语境	графи́ческий	图形的,图表的

Зада́ния к те́ксту

1. Переведи́те сле́дующие словосочета́ния на кита́йский язы́к.
   (1) зна́ние о чём
   (2) в прое́ктной пра́ктике
   (3) в общекульту́рном конте́ксте
   (4) носи́тель информа́ции
2. Переведи́те сле́дующие словосочета́ния на ру́сский язы́к.
   (1) 符号系统
   (2) 使用方法
   (3) 工业设计对象
   (4) 图形和字体信息
3. Отве́тьте на сле́дующие вопро́сы по содержа́нию те́кста.
   (1) Каки́е зна́ния получа́ют слу́шатели в да́нном ку́рсе?
   (2) Что рассма́тривается в ра́мках ку́рса?

ТЕКСТ 4　МАТЕРИАЛОВЕ́ДЕНИЕ В ПРОМЫ́ШЛЕННОМ ДИЗА́ЙНЕ

В да́нном ку́рсе слу́шатели получа́ют представле́ние о техноло́гиях, зна́ния о материа́лах, их конструкти́вных осо́бенностях и декорати́вных сво́йствах для практи́ческого испо́льзования в диза́йн-проекти́ровании.

В ра́мках ку́рса рассма́триваются: технологи́ческое формообразова́ние, технологи́чность; техноло́гии обрабо́тки материа́лов (мета́ллы, пластма́ссы, компози́ты); формообразу́ющие и декорати́вные сво́йства конструкцио́нных материа́лов; защи́тно-декорати́вные покры́тия.

Но́вые слова́

материалове́дение	材料学	мета́лл	金属
декорати́вный	装饰的	пластма́сса	塑料
технологи́чность	工艺性,加工性(阴)	компози́т	复合材料
покры́тие	涂层	обрабо́тка	加工

Зада́ния к те́ксту

1. Переведи́те сле́дующие словосочета́ния на кита́йский язы́к.

(1) декорати́вное сво́йство

(2) технологи́ческое формообразова́ние

(3) конструкцио́нный материа́л

2. Переведи́те сле́дующие словосочета́ния на ру́сский язы́к.

(1) 设计特点

(2) 实际运用

(3) 材料的加工技术

(4) 保护和装饰涂层

3. Отве́тьте на сле́дующие вопро́сы по содержа́нию те́кста.

(1) Что слу́шатели получа́ют в да́нном ку́рсе?

(2) Что рассма́тривается в ра́мках ку́рса?

УРО́К 16

РАЗДЕ́Л 1　ТЕКСТ

ОСО́БЕННОСТИ ЭТИКЕ́ТА В РОССИ́И (2)

Совреме́нные пра́вила в Росси́и в отноше́нии оде́жды опира́ются на поня́тия: к ме́сту, ко вре́мени, по сезо́ну, по разме́ру. Стиль оде́жды, вы́бранный челове́ком, говори́т о ста́тусе, привы́чках, материа́льном положе́нии, о́бразе жи́зни. Оде́жда должна́ соотве́тствовать ви́ду де́ятельности. Для у́тренней пробе́жки вы́берут спорти́вный костю́м, в о́фисе — класси́ческий стиль, для зва́ного ве́чера — наря́дная оде́жда: костю́м и́ли пла́тье, для дискоте́ки — свобо́дный стиль. Еди́ный о́браз создаётся с по́мощью о́буви и аксессуа́ров. Чистота́ и опря́тность в оде́жде — осо́бенность этике́та в Росси́и на все времена́.

У ру́сских люде́й существу́ет я́рко вы́раженная черта́ — гостеприи́мство. Имени́того го́стя встреча́ют хле́бом-со́лью. На столе́ обяза́тельно до́лжен прису́тствовать хлеб, хотя́ в после́днее вре́мя в виду́ веде́ния здоро́вого о́браза жи́зни всё бо́льше молоды́х люде́й отка́зывается от мучны́х блюд, в том числе́ от хле́ба. Собира́ясь в го́сти в Росси́и, обяза́тельно ну́жно пригото́вить пода́рок хозя́евам: э́то мо́гут быть цветы́, конфе́ты, торт. Нельзя́ приходи́ть в го́сти с пусты́ми рука́ми. Зайдя́ в дом, необходи́мо снять у́личную о́бувь.

Этике́т за столо́м в Росси́и ма́ло отлича́ется от общепри́нятых станда́ртов: сиде́ть пря́мо за столо́м, есть беззву́чно, аккура́тно, не ча́вкать, не отры́гиваться; не класть ло́кти на стол; по́льзоваться столо́выми прибо́рами; не разгова́ривать с наби́тым едо́й ртом.

Кро́ме того́, в Росси́и не при́нято гро́мко чиха́ть. Е́сли вы чихну́ли, то необходи́мо прикры́ть рот руко́й и попроси́ть проще́ния. Ру́сский челове́к в отве́т на ва́ше чиха́ние пожела́ет вам: "Бу́дьте здоро́вы!", на что сле́дует его́ поблагодари́ть и сказа́ть "Спаси́бо!".

Что каса́ется пра́вил этике́та для мужчи́н в Росси́и, то их мо́жно свести́ к сле́дующим: помога́ть носи́ть тя́жести; уступа́ть ме́сто в обще́ственном тра́нспорте; подава́ть ру́ку же́нщине; на свида́нии распла́чиваться и за себя́, и за свою́ спу́тницу.

Же́нщины в свою́ о́чередь подде́рживают ую́т до́ма, следя́т за собо́й, лиди́рующее положе́ние в основно́м уступа́ют мужчи́нам.

Пра́вила этике́та в Росси́и кра́тко мо́жно раздели́ть на национа́льную самобы́тность и европе́йский станда́рт. Необы́чность э́тих пра́вил для европе́йцев со стороны́ ру́сского наро́да —э́то гостеприи́мство с оби́льным засто́льем. Социа́льный же этике́т в Росси́и опира́ется на европе́йские но́рмы.

Зада́ния к те́ксту

I. Вы́учите но́вые слова́ и словосочета́ния.

зва́ный ве́чер	招待客人的晚宴	отры́гиваться	打嗝儿
аксессуа́р	附属品	ло́коть	肘部(阳)
опря́тность	整洁(阴)	столо́вый прибо́р	餐具
имени́тый	高贵的,很有名望的	наби́тый	塞满的
гостеприи́мство	好客	прикры́ть	掩盖
с пусты́ми рука́ми	空着手	спу́тница	同伴
ую́т	舒适	чиха́ть/чихну́ть	打喷嚏
ча́вкать	吧嗒嘴	лиди́рующий	领先的

II. Отве́тьте на вопро́сы.

А.

1. Каку́ю оде́жду и когда́ при́нято носи́ть в Росси́и?
2. Перечи́слите основны́е пра́вила поведе́ния за столо́м в Росси́и.
3. Перечи́слите основны́е пра́вила поведе́ния мужчи́н и же́нщин в Росси́и.

Б.

1. Како́й стиль оде́жды при́нят в ва́шей стране́?
2. Перечи́слите основны́е пра́вила поведе́ния за столо́м в ва́шей стране́.
3. Перечи́слите основны́е пра́вила поведе́ния мужчи́н и же́нщин в ва́шей стране́.

III. Запо́лните про́пуски в соотве́тствии с содержа́нием те́кста.

1. Совреме́нные пра́вила в Росси́и в отноше́нии оде́жды опира́ются на поня́тия: к ме́сту, ко вре́мени, по ________, по разме́ру.
2. Создаётся еди́ный о́браз с по́мощью о́буви и ________.
3. Чистота́ и ________ в оде́жде — осо́бенность этике́та в Росси́и на все времена́.
4. У ру́сских люде́й существу́ет я́рко выраженная черта́ — ________.
5. ________ го́стя встреча́ют хле́бом-со́лью.

IV. Соедини́те слова́ и словосочета́ния с их определе́нием, сино́нимом(Табли́ца 16.1).

Табли́ца 16.1

Слова́ и словосочета́ния	Определе́ние, сино́ним
зва́ный ве́чер	когда́ госте́й встреча́ют с ра́достью
опря́тность	ничего́ не принести́
гостеприи́мство	уха́живать за собо́й
прийти́ с пусты́ми рука́ми	ве́чер, у́жин, на кото́рый пригласи́ли госте́й

Продолже́ние табли́цы 16.1

Слова́ и словосочета́ния	Определе́ние, сино́ним
столо́вый прибо́р	ви́лка, нож, ло́жка
ую́т	комфо́рт до́ма
следи́ть за собо́й	чистопло́тность, аккура́тность, чистота́

V. Прочита́йте предложе́ния. Вы согла́сны с тем, что напи́сано? Е́сли нет, то испра́вьте оши́бки.

1. И мужчи́ны, и же́нщины, собира́ясь на у́жин в рестора́н и́ли на конце́рт в теа́тр, надева́ют наря́дную оде́жду.
2. В после́днее вре́мя мно́гие молоды́е лю́ди отка́зываются от привы́чки есть мучно́е, в том числе́ хлеб.
3. Приходя́ в го́сти в Ро́ссии, мо́жно ничего́ не приноси́ть с собо́й.
4. Же́нщины в Росси́и не следя́т за собо́й.
5. Мужчи́ны в Росси́и непомога́ют носи́ть тя́жести.

РАЗДЕ́Л 2 ГРАЖДА́НСКОЕ СТРОИ́ТЕЛЬСТВО

ТЕКСТ 1 ОСО́БЕННОСТИ ГРАЖДА́НСКОГО СТРОИ́ТЕЛЬСТВА

Гражда́нское строи́тельство — э́то о́трасль, кото́рая отлича́ется дово́льно больши́м разнообра́зием направле́ний. При тако́м строи́тельстве испо́льзуются са́мые разнообра́зные материа́лы, констру́кции, а для его́ разви́тия тре́буется постоя́нное обновле́ние техноло́гий.

Да́нное направле́ние строи́тельной о́трасли дово́льно перспекти́вно, хотя́ на нём си́льно отража́ется кри́зисное положе́ние ме́стности. Для успе́шного разви́тия о́трасли тре́буется упроще́ние процеду́ры оформле́ния и предоставле́ния земе́льных уча́стков.

Основны́м направле́нием гражда́нского строи́тельства явля́ется возведе́ние жилы́х домо́в. Гла́вной зада́чей явля́ется обеспе́чение населе́ния ка́чественным жильём. Та́кже разви́тие да́нной о́трасли зави́сит от благосостоя́ния ме́стного населе́ния и явля́ется гла́вным индика́тором ка́чества жи́зни.

Но́вые слова́

осо́бенность	特点,特征(阴)
направле́ние	方向,方面;派别,流派
обновле́ние	更新,革新;修复,恢复
отража́ться/отрази́ться	影响到;反映,反射
процеду́ра	手续,程序

оформле́ние	办理手续;形成,构成
предоставле́ние	提供,供给使用;给予,赋予
земе́льный	土地的
уча́сток	地段,地块
наблюда́ться	出现,呈现,看到,有
зада́ча	任务,使命,宗旨
зави́сеть	取决于……,由……决定

Зада́ния к те́ксту

1. Отве́тьте на сле́дующие вопро́сы по содержа́нию те́кста.
   (1) Что тре́буется для разви́тия строи́тельной о́трасли?
   (2) Что явля́ется основны́м направле́нием гражда́нского строи́тельства?
   (3) От чего́ зави́сит разви́тие гражда́нского строи́тельства?
2. Переведи́те сле́дующие словосочета́ния на кита́йский язы́к.
   (1) разнообра́зные констру́кции
   (2) обновле́ние техноло́гий
   (3) кри́зисное положе́ние
   (4) упроще́ние процеду́ры
   (5) основно́е направле́ние
   (6) ка́чество жи́зни
3. Переведи́те сле́дующие словосочета́ния на ру́сский язы́к.
   (1) 多样化的材料
   (2) 建筑业
   (3) 土地
   (4) 主要任务
   (5) 优质住房

ТЕКСТ 2 ОСО́БЕННОСТИ ПРОМЫ́ШЛЕННОГО СТРОИ́ТЕЛЬСТВА

Промы́шленное строи́тельство — это о́трасль, тре́бующая больши́х материа́льных вложе́ний. Да́нный проце́сс явля́ется дово́льно сло́жным, дли́тельным и трудоёмким. Эксплуата́ция, как со́бственно и строи́тельство зда́ний да́нной катего́рии, тре́бует большо́й отве́тственности и внима́ния. При строи́тельстве основны́ми зада́чами явля́ется созда́ние долгове́чного зда́ния, кото́рое мо́жет вы́держать любы́е нагру́зки.

Для строи́тельства промы́шленных сооруже́ний выбира́ются то́лько са́мые ка́чественные материа́лы. Со́бственно ка́чество и надёжность — э́то фа́кторы, кото́рые влия́ют на функциони́рование зда́ния, наря́ду с пра́вильностью и своевре́менностью выполне́ния произво́дственных рабо́т.

За счёт больши́х вложе́ний на эта́пе строи́тельства зда́ния, в да́льнейшем необходи́мость в ремо́нте и реконстру́кции зда́ния бу́дет возника́ть кра́йне ре́дко. Таки́м о́бразом, зака́зчик не бу́дет отвлека́ться и смо́жет споко́йно занима́ться свое́й де́ятельностью.

В результа́те промы́шленное зда́ние мо́жет име́ть са́мые разли́чные назначе́ния, но в перспекти́ве оно́ должно́ учи́тываться уже́ на эта́пе проекти́рования, что́бы зара́нее осуществи́ть прокла́дку всех необходи́мых инжене́рных коммуника́ций. Гора́здо сложне́е вы́полнить э́ту зада́чу в моме́нт, когда́ зда́ние уже сдано́. От монтажа́ инжене́рных коммуника́ций зави́сит мно́гое, ведь, е́сли каки́е-то элеме́нты вы́йдут из стро́я, мо́жет останови́ться всё произво́дство.

Но́вые слова́

вложе́ние	投入,投资
трудоёмкий	繁重的,费力的,需要大量劳动的
долгове́чный	耐久的,坚固耐用的
выде́рживать/вы́держать	经受,耐受,承受
нагру́зка	负荷,载荷,载重
ка́чественный	优质的;质量的,品质的
фа́ктор	因素
влия́ть/повлия́ть	影响,作用
функциони́рование	功能作用,运转,运行
наря́ду с чем	与……并列,与……同时
за счёт чего́	依靠,用
эта́п	阶段
ремо́нт	修理,维修
возника́ть/возни́кнуть	发生,产生,出现
зака́зчик	甲方,订货人
отвлека́ться/отвле́чься	分心,走神;离开,丢下
прокла́дка	铺设,安装
инжене́рный	工程的
коммуника́ция	管道,管线;交通线

Зада́ния к те́ксту

1. Отве́тьте на сле́дующие вопро́сы по содержа́нию те́кста.

(1) Како́й о́траслью явля́ется промы́шленное строи́тельство?

(2) В чём заключа́ются основны́е зада́чи при промы́шленном строи́тельстве?

(3) Что влия́ет на функциони́рование зда́ния, наря́ду с пра́вильностью и своевре́-

менностью выполне́ния произво́дственных рабо́т?

(4) На како́м эта́пе необходи́мо учи́тывать са́мые разли́чные назначе́ния промы́шленного зда́ния?

2. Переведи́те сле́дующие словосочета́ния на кита́йский язы́к.

(1) строи́тельство зда́ний

(2) произво́дственная рабо́та

(3) реконстру́кция зда́ния

(4) таки́м о́бразом

(5) эта́п проекти́рования

(6) осуществи́ть прокла́дку

(7) инжене́рная коммуника́ция

3. Переведи́те сле́дующие словосочета́ния на ру́сский язы́к.

(1) 物质投入

(2) 坚固耐用的建筑

(3) 任何载荷

(4) 优质的材料

(5) 建筑的功能

(6) 建造阶段

(7) 建筑的修建

ТЕКСТ 3 О́БЩИЕ СВЕ́ДЕНИЯ О ЗДА́НИЯХ И СООРУЖЕ́НИЯХ

В строи́тельной пра́ктике различа́ют поня́тия "зда́ние" и "сооруже́ние".

Сооруже́нием при́нято называ́ть всё, что иску́сственно возведено́ челове́ком для удовлетворе́ния материа́льных и духо́вных потре́бностей о́бщества.

Зда́нием называ́ют назе́мное сооруже́ние, име́ющее вну́треннее простра́нство, предназна́ченное и приспосо́бленное для того́ или ино́го ви́да челове́ческой де́ятельности (наприме́р, жилы́е дома́, заво́дские корпуса́, вокза́лы и т. д.).

Таки́м о́бразом, мы ви́дим, что поня́тие "сооруже́ние" включа́ет в себя́ и поня́тие "зда́ние". В практи́ческой де́ятельности при́нято все сооруже́ния относи́ть к так называ́емым инжене́рным констру́кциям. Други́ми слова́ми, сооруже́ния предназна́чены для выполне́ния сугу́бо техни́ческих зада́ч (наприме́р, мост, телевизио́нная ма́чта, тунне́ль, ста́нция метро́, дымова́я труба́, резервуа́р и т. д.). Вну́треннее простра́нство зда́ний разделя́ется на отде́льные помеще́ния (жила́я ко́мната, ку́хня, аудито́рия, слу́жебный кабине́т, цех и др.).

Помеще́ния, располо́женные на одно́м у́ровне, образу́ют эта́ж. Этажи́ разделя́ются перекры́тиями. В любо́м зда́нии мо́жно усло́вно вы́делить три гру́ппы взаи́мно свя́занных ме́жду собо́й часте́й и́ли элеме́нтов, кото́рые в то же вре́мя как бы дополня́ют и определя́ют друг дру́га: объёмно-планиро́вочные элеме́нты, т. е. кру́пные ча́сти, на кото́рые мо́жно расчлени́ть весь объём зда́ния (эта́ж, отде́льное помеще́ние, часть зда́ния ме́жду основны́ми расчленя́ющими его́ сте́нами и др.); конструкти́вные элеме́нты, определя́ющие структу́ру зда́ния (фунда́менты, сте́ны, перекры́тия, кры́ша и др.); стро́ительные изде́лия, т. е. сравни́тельно ме́лкие дета́ли, из кото́рых состоя́т конструкти́вные элеме́нты. Фо́рма зда́ния в пла́не, его́ разме́ры, а та́кже разме́ры отде́льных помеще́ний, эта́жность и други́е характе́рные при́знаки определя́ются в хо́де проекти́рования зда́ния с учётом его́ назначе́ния.

Но́вые слова́

о́бщий	总的,概括的,一般的;公共的,共同的
пра́ктика	实践,实习
различа́ть/различи́ть	区分,辨别,识别
возводи́ть/возвести́	建造,建筑,修建
назе́мный	地上的,地面上的
простра́нство	空间;空地方,空处;容积
предназнача́ть/предназна́чить	预订,指定,规定用于……
приспособля́ть/приспосо́бить	使适合,当……用
таки́м о́бразом	因此
практи́ческий	实践的,实际的
резервуа́р	贮水池,蓄水库
отде́льный	单独的,单个的,独立的
располага́ть/расположи́ть	布置,安置;排列,摆列;坐落
образо́вывать/образова́ть	构成,形成,组成
эта́ж	层,楼层
перекры́тие	楼板,楼盖,屋面
выделя́ть/вы́делить	分出,划出
гру́ппа	类,型,级;组,班,派
дополня́ть/допо́лнить	补充,附加,补足
расчленя́ть/расчлени́ть	划分,分成部分
основно́й	基本的,根本的,主要的
стена́	墙,墙壁
конструкти́вный	结构上的,构造上的;设计的
фунда́мент	基础,地基,基座
изде́лие	制造品,产品,成品
фо́рма	形状,外形,形式

размéр 大小,面积,规模

этáжность 层数,楼层(阴)

Задáния к тéксту

1. Отвéтьте на слéдующие вопрóсы по содержáнию тéкста.

(1) Какúе поня́тия различáют в строúтельной прáктике?

(2) Что прúнято называ́ть сооружéнием?

(3) Что называ́ют здáнием?

(4) Что образýет этáж?

(5) Какúе взаúмно свя́занные мéжду собóй чáсти úли элемéнты мóжно услóвно вы́делить в любóм здáнии?

2. Переведúте слéдующие словосочетáния на китáйский язы́к.

(1) человéческая дéятельность

(2) технúческая задáча

(3) отдéльное помещéние

(4) объёмно-планирóвочный элемéнт

(5) конструктúвный элемéнт

(6) строúтельное издéлие

(7) мéлкая детáль

(8) фóрма здáния

(9) проектúрование здáния

3. Переведúте слéдующие словосочетáния на рýсский язы́к.

(1) 建筑实践

(2) 社会需求

(3) 地面建筑

(4) 内部空间

(5) 住房

(6) 形成楼层

(7) 建筑的体积

(8) 建筑的结构

(9) 房间的大小

УРО́К 17

РАЗДЕ́Л 1　ТЕКСТ

ОЧАРОВА́НИЕ РУ́ССКОЙ ЖИ́ВОПИСИ (1)

Иску́сство явля́ется одни́м из спо́собов позна́ния челове́ком окружа́ющего ми́ра и его́ ме́ста в нём. Иску́сство быва́ет изобрази́тельным (жи́вопись, скульпту́ра), вырази́тельным (му́зыка, литерату́ра, архитекту́ра) и зре́лищным (кино́, о́пера, цирк, теа́тр). Му́зыку, поэ́зию и жи́вопись называ́ют тремя́ сёстрами иску́сства.

В хо́де разви́тия изобрази́тельного иску́сства сформирова́лись не́сколько класси́ческих жа́нров: портре́т, пейза́ж, натюрмо́рт, интерье́р, а та́кже анималисти́ческая, истори́ческая, бата́льная и бытова́я (жа́нровая) жи́вопись.

С XVII ве́ка на Руси́ начина́ет развива́ться и све́тская жи́вопись, осо́бенно в пери́од Петра́ I. Ру́сские худо́жники обуча́ются в Ита́лии и Голла́ндии. В 1757 году́ в Санкт-Петербу́рге была́ осно́вана Росси́йская акаде́мия худо́жеств.

О́чень до́лго, до пе́рвой полови́ны XIX ве́ка, ру́сская жи́вопись остава́лась подража́тельной. Живопи́сцы копи́ровали те́хники и сюже́ты францу́зских, италья́нских мастеро́в. Отры́в от тради́ции классици́зма соверша́ет К. П. Брюлло́в, написа́вший《После́дний день Помпе́и》и《Вса́дницу》. Его́ романти́ческая мане́ра письма́ ста́ла предве́стником ру́сского реали́зма.

В 1825 году́ в Эрмита́же организу́ют отделе́ние ру́сской жи́вописи. Худо́жники впервы́е обраща́ются к обы́денной и крестья́нской жи́зни, сюже́там просто́й реа́льности.

В э́ти го́ды появля́ются Третьяко́вская галере́я (Москва́, 1856 г.) (Рис. 17.1), Эрмита́ж, Ру́сский музе́й (Рис. 17.2).

Рис. 17. 1 Третьяко́вская галере́я

Рис. 17. 2 Ру́сский музе́й

В 1870 году́ образова́лось “Това́рищество передвижны́х худо́жественных вы́ставок”, одни́м из основны́х организа́торов кото́рого был И. Н. Крамско́й (《Неизве́стная》). Лу́чшие худо́жники Москвы́ и Петербу́рга на́чали е́здить по города́м Росси́и и организо́вывать в них вы́ставки карти́н.

Ча́сто на э́тих вы́ставках быва́л П. М. Третьяко́в, моско́вский купе́ц. Пе́ред сме́ртью Третьяко́в подари́л свою́ колле́кцию карти́н Москве́. Сейча́с в его́ галере́е, явля́ющейся одно́й из лу́чших колле́кций карти́н ру́сских худо́жников, нахо́дятся не то́лько произведе́ния, кото́рые собра́л он сам, но и карти́ны совреме́нных худо́жников.

Зада́ния к те́ксту

I. *Вы́учите но́вые слова́ и словосочета́ния.*

иску́сство	艺术	све́тский	世俗的
окружа́ющий мир	周围的世界	Ита́лия	意大利
изобрази́тельный	造型的	Голла́ндия	荷兰
жи́вопись	绘画(阴)	подража́тельный	模仿的
вырази́тельный	富有表现力的	купе́ц	商人
зре́лищный	演出的	вса́дница	女骑手
портре́т	肖像画	романти́ческий	浪漫的
пейза́ж	景观	предве́стник	预兆
натюрмо́рт	静物写生	обы́денный	日常的
анималисти́ческий	动物造型的	галере́я	美术馆
бата́льный	描写战斗的	грек	希腊人
византи́йский	拜占庭的		

II. *Отве́тьте на вопро́сы.*

1. Чем явля́ется иску́сство?
2. Каки́м быва́ет иску́сство?
3. Назови́те основны́е жа́нры жи́вописи.
4. Когда́ в Росси́и начина́ет развива́ться све́тская жи́вопись?
5. Чьё тво́рчество ста́ло предве́стником ру́сского реали́зма?
6. В каки́х ру́сских музе́ях вы бы́ли? А в каки́х хоте́ли бы побыва́ть?
7. Назови́те ру́сских худо́жников, кото́рых вы зна́ете и чьи карти́ны вы ви́дели.

III. *Запо́лните про́пуски в соотве́тствии с содержа́нием те́кста.*

1. Му́зыку, поэ́зию и ________ называ́ют тремя́ сёстрами иску́сства.
2. До пе́рвой полови́ны XIX ве́ка, ру́сская жи́вопись остава́лась ________.
3. Романти́ческая мане́ра письма́ К. П. Брюлло́ва ста́ла ________ ру́сского реали́зма.
4. В XIX ве́ке худо́жники впервы́е обраща́ются к ________ и крестья́нской жи́зни, сюже́там просто́й реа́льности.

IV. *Соедини́те слова́ и словосочета́ния с их определе́нием, сино́нимом*(*Табли́ца* 17. 1).

Табли́ца 17. 1

Слова́ и словосочета́ния	Определе́ние, сино́ним
изобрази́тельное иску́сство	изображе́ние челове́ка
вырази́тельное иску́сство	обы́чный
зре́лищное иску́сство	вое́нный
портре́т	изображе́ние приро́ды
пейза́ж	жи́вопись, скульпту́ра

Продолже́ние табли́цы 17.1

Слова́ и словосочета́ния	Определе́ние, сино́ним
натюрмо́рт	му́зыка, литерату́ра, архитекту́ра
обы́денный	изображе́ние веще́й
бата́льный	кино́, о́пера, цирк, теа́тр

V. Прочита́йте предложе́ния. Вы согла́сны с тем, что напи́сано? Е́сли нет, то испра́вьте оши́бки.

1. О́чень до́лго, до пе́рвой полови́ны XIX ве́ка, ру́сская жи́вопись остава́лась подража́тельной.

2. Отры́в от тради́ции классици́зма соверша́ет К. П. Брюлло́в, написа́вший《После́дний день Помпе́и》и《Вса́дницу》.

3. В XIX ве́ке музе́и открыва́лись то́лько в Санкт-Петербу́рге и Москве́.

4. П. М. Третьяко́в переда́л свою́ галере́ю Москве́ ещё при жи́зни.

РАЗДЕ́Л 2 ГРАЖДА́НСКОЕ СТРОИ́ТЕЛЬСТВО

ТРЕ́БОВАНИЯ К ЗДА́НИЯМ И ИХ КЛАССИФИКА́ЦИЯ

Любо́е зда́ние должно́ отвеча́ть сле́дующим основны́м тре́бованиям:

(1) функциона́льной целесообра́зности, т. е. зда́ние должно́ по́лностью отвеча́ть тому́ проце́ссу, для кото́рого оно́ предназна́чено (удо́бство прожива́ния, труда́, о́тдыха и т. д.);

(2) техни́ческой целесообра́зности, т. е. зда́ние должно́ надёжно защища́ть люде́й от вне́шних возде́йствий (ни́зких и́ли высо́ких температу́р, оса́дков, ве́тра), быть про́чным и усто́йчивым, т. е. выде́рживать разли́чные нагру́зки, и долгове́чным, сохраня́я норма́льные эксплуатацио́нные ка́чества во вре́мени;

(3) архитекту́рно-худо́жественной вырази́тельности, т. е. зда́ние должно́ быть привлека́тельным по своему́ вне́шнему (экстерье́ру) и вну́треннему (интерье́ру) ви́ду, благоприя́тно возде́йствовать на психологи́ческое состоя́ние и созна́ние люде́й;

(4) экономи́ческой целесообра́зности, предусма́тривающей наибо́лее оптима́льные для да́нного ви́да зда́ния затра́ты труда́, сре́дств и вре́мени на его́ возведе́ние. При э́том необходи́мо та́кже наряду́ с единовре́менными затра́тами на строи́тельство учи́тывать и расхо́ды, свя́занные с эксплуата́цией зда́ния.

Безусло́вно, ко́мплекс э́тих тре́бований нельзя́ рассма́тривать в отры́ве друг от дру́га. Обы́чно при проекти́ровании зда́ния принима́емые реше́ния явля́ются результа́том согласо́ванности с учётом всех тре́бований, обеспе́чивающих его́ нау́чную обосно́ванность.

Гла́вным из перечи́сленных тре́бований явля́ется функциона́льная, или технологи́ческая целесообра́зность. Так как зда́ние явля́ется материа́льно-организо́ванной средо́й для осуществле́ния людьми́ са́мых разнообра́зных проце́ссов труда́, бы́та и о́тдыха, то помеще́ния зда́ния должны́ наибо́лее по́лно отвеча́ть тем проце́ссам, на кото́рые да́нное помеще́ние рассчи́тано. Сле́довательно, основны́м в зда́нии и́ли его́ отде́льных помеще́ниях явля́ется его́ функциона́льное назначе́ние. При э́том необходи́мо различа́ть гла́вные и подсо́бные фу́нкции. Так, в зда́нии шко́лы гла́вной фу́нкцией явля́ются уче́бные заня́тия, поэ́тому шко́льное зда́ние в основно́м состои́т из уче́бных помеще́ний (кла́ссные ко́мнаты, лаборато́рии и т. п.). Наряду́ с э́тим в зда́нии осуществля́ются и подсо́бные фу́нкции: пита́ние, обще́ственные мероприя́тия, руково́дство и т. п. Для них предусма́триваются специа́льные помеще́ния: столо́вые и буфе́ты, а́ктовые за́лы и др. При э́том перечи́сленные фу́нкции для э́тих помеще́ний бу́дут гла́вными. Им же соотве́тствуют свои́ подсо́бные фу́нкции.

Все помеще́ния в зда́нии, отвеча́ющие гла́вным и подсо́бным фу́нкциям, свя́зываются ме́жду собо́й коммуникацио́нными помеще́ниями, основно́е назначе́ние кото́рых — обеспе́чивать передвиже́ние люде́й (коридо́ры, ле́стницы, вестибю́ли и др.).

Ка́чество среды́ зави́сит от таки́х фа́кторов, как простра́нство для де́ятельности челове́ка, размеще́ния обору́дования и движе́ния люде́й; состоя́ние возду́шной среды́ (температу́ра и вла́жность, воздухообме́н в помеще́нии); звуково́й режи́м (обеспе́чение слы́шимости и защи́та от меша́ющих шу́мов); светово́й режи́м; ви́димость и зри́тельное восприя́тие; обеспе́чение удо́бств передвиже́ния и безопа́сной эвакуа́ции люде́й.

Сле́довательно, для того́ что́бы пра́вильно запроекти́ровать помеще́ние, созда́ть в нём оптима́льную среду́ для челове́ка, необходи́мо уче́сть все тре́бования, определя́ющие ка́чество среды́. Э́ти тре́бования для ка́ждого ви́да зда́ний и его́ помеще́ний устана́вливаются строи́тельными но́рмами и пра́вилами (СНиП) — основны́м госуда́рственным докуме́нтом, регламенти́рующим проекти́рование и строи́тельство зда́ний и сооруже́ний.

Техни́ческая целесообра́зность зда́ния определя́ется реше́нием его́ констру́кций, кото́рое должно́ учи́тывать все вне́шние возде́йствия, воспринима́емые зда́нием в це́лом и его́ отде́льными элеме́нтами. Э́ти возде́йствия подразделя́ют на силовы́е и несиловы́е (возде́йствие среды́).

К силовы́м отно́сят нагру́зки от со́бственной ма́ссы элеме́нтов зда́ния (постоя́нные нагру́зки), ма́ссы обору́дования, люде́й, сне́га, нагру́зки от де́йствия ве́тра (вре́менные) и осо́бые (сейсми́ческие нагру́зки, возде́йствия в результа́те ава́рии обору́дования и т. п.).

К несиловы́м отно́сят температу́рные возде́йствия (вызыва́ют измене́ние лине́йных разме́ров констру́кций), возде́йствия атмосфе́рной и грунтово́й вла́ги (вызыва́ют измене́ние сво́йств материа́лов констру́кций), движе́ние во́здуха (измене́ние микрокли́мата в помеще́нии), возде́йствие лучи́стой эне́ргии со́лнца (вызыва́ет измене́ние фи́зико-техни́ческих сво́йств материа́лов констру́кций), возде́йствие агресси́вных хими́ческих при́месей, содержа́щихся в во́здухе (мо́гут привести́ к разруше́нию констру́кций), биологи́ческие возде́йствия (вызыва́емые микрооргани́змами и́ли насеко́мыми, приводя́щие к разруше́нию констру́кций), возде́йствие шу́ма от исто́чников внутри́ и́ли вне зда́ния, наруша́ющие норма́льный акусти́ческий режи́м помеще́ния. С учётом ука́занных возде́йствий зда́ние должно́ удовлетворя́ть тре́бованиям про́чности, усто́йчивости и долгове́чности.

Про́чностью зда́ния называ́ют спосо́бность восприима́ть возде́йствия без разруше́ния и суще́ственных оста́точных деформа́ций. Усто́йчивостью (жёсткостью) зда́ния называ́ют спосо́бность сохраня́ть равнове́сие при вне́шних возде́йствиях. Долгове́чность означа́ет про́чность, усто́йчивость и сохра́нность как зда́ния в це́лом, так и его́ элеме́нтов во вре́мени.

Стро́ительные но́рмы и пра́вила де́лят зда́ния по долгове́чности на четы́ре сте́пени: I — срок слу́жбы бо́лее 100 лет; II — от 50 до 100 лет; III — от 20 до 50 лет; IV — от 5 до 20 лет. Ва́жным техни́ческим тре́бованием к зда́ниям явля́ется пожа́рная безопа́сность, кото́рая означа́ет су́мму мероприя́тий, уменьша́ющих возмо́жность возникнове́ния пожа́ра и, сле́довательно, возгора́ния констру́кций зда́ния.

Применя́емые для стро́ительства материа́лы и констру́кции де́лят на несгора́емые, трудносгора́емые и сгора́емые. Констру́кции зда́ния характеризу́ются та́кже преде́лом огнесто́йкости, т. е. сопротивле́нием возде́йствию огня́ (в часа́х) до поте́ри про́чности и́ли усто́йчивости ли́бо до образова́ния сквозны́х тре́щин и́ли повыше́ния температу́ры на пове́рхности констру́кции со стороны́, противополо́жной де́йствию огня́, до 140 °C (в сре́днем). По огнесто́йкости зда́ния разделя́ют на пять степене́й в зави́симости от сте́пени возгора́ния и преде́ла огнесто́йкости констру́кций. Наибо́льшую огнесто́йкость име́ют зда́ния I сте́пени, а наиме́ньшую — V сте́пени, к зда́ниям I, II и III степене́й огнесто́йкости отно́сят ка́менные зда́ния, к IV — деревя́нные оштукату́ренные, к V — деревя́нные неоштукату́ренные зда́ния. В зда́ниях I и II степене́й огнесто́йкости сте́ны, опо́ры, перекры́тия и перегоро́дки несгора́емые. В зда́ниях III сте́пени огнесто́йкости сте́ны и опо́ры несгора́емые, а перекры́тия и перегоро́дки трудносгора́емые. Деревя́нные зда́ния IV и V степене́й огнесто́йкости по противопожа́рным тре́бованиям должны́ быть не бо́лее двух́ этаже́й.

Архитекту́рно-худо́жественные ка́чества зда́ния определя́ются крите́риями красоты́. Зда́ние должно́ быть удо́бным в функциона́льном и соверше́нным в техни́ческом отноше́нии. При э́том эстети́ческие ка́чества зда́ния и́ли ко́мплекса зда́ний мо́гут быть по́дняты до у́ровня архитекту́рно-худо́жественных о́бразов, т. е. у́ровня иску́сства, отража́ющего сре́дствами архитекту́ры определённую иде́ю, акти́вно возде́йствующую на созна́ние люде́й. Для достиже́ния необходи́мых архитекту́рно-худо́жественных ка́честв испо́льзуют компози́цию, масшта́бность и др. При реше́нии экономи́ческих тре́бований должны́ быть обосно́ваны принима́емые разме́ры и фо́рма помеще́ний с учётом действи́тельных потре́бностей населе́ния.

Экономи́ческая целесообра́зность в реше́нии техни́ческих зада́ч предполага́ет обеспе́чение про́чности и усто́йчивости зда́ния, его́ долгове́чности. При э́том необходи́мо, что́бы сто́имость 1 $м^2$ пло́щади и́ли 1 $м^3$ объёма зда́ния не превыша́ла устано́вленного преде́ла. Сниже́ние сто́имости зда́ния мо́жет быть дости́гнуто рациона́льной плани́ровкой и недопуще́нием изли́шеств при установле́нии площаде́й и объёмов помеще́ний, а та́кже вну́тренней и нару́жной отде́лке; вы́бором наибо́лее оптима́льных констру́кций с учётом ви́да зда́ний и усло́вий его́ эксплуата́ции; примене́нием совреме́нных ме́тодов и приёмов произво́дства строи́тельных рабо́т с учётом достиже́ний строи́тельной нау́ки и те́хники. Для вы́бора экономи́чески целесообра́зных реше́ний СНиПом устано́влено деле́ние зда́ний по капита́льности на четы́ре кла́сса в зави́симости от их назначе́ния и зна́чимости. Например, зда́ние мо́жет быть отнесено́ к пе́рвому кла́ссу, е́сли оно́ име́ет I сте́пень огнесто́йкости и долгове́чности, вы́полнено из первосо́ртных материа́лов, констру́кции име́ют доста́точный запа́с про́чности, е́сли помеще́ния в нём име́ют все ви́ды благоустро́йства, соотве́тствующие его́ назначе́нию, повы́шенное ка́чество отде́лки. Зда́ния в зави́симости от назначе́ния при́нято подразделя́ть на гражда́нские, промы́шленные и сельскохозя́йственные.

Гражда́нские зда́ния предназна́чены для обслу́живания бытовы́х и обще́ственных потре́бностей люде́й. Их разделя́ют на жилы́е (жилы́е дома́, гости́ницы, общежи́тия и т. п.) и обще́ственные (администрати́вные, учёбные, культу́рно-просвети́тельные, торго́вые, коммуна́льные, спорти́вные и др.). Промы́шленными называ́ют зда́ния, сооружённые для размеще́ния ору́дий произво́дства и выполне́ния трудовы́х проце́ссов, в результа́те кото́рых получа́ется промы́шленная проду́кция (цеха́, электроста́нции, скла́ды и др.). Сельскохозя́йственными называ́ют зда́ния, обслу́живающие потре́бности се́льского хозя́йства (зда́ния для содержа́ния живо́тных и птиц, тепли́цы, скла́ды сельскохозя́йственных проду́ктов и т. п.).

Перечи́сленные ви́ды зда́ний ре́зко отлича́ются по своему́ архитекту́рно-конструкти́вному реше́нию и вне́шнему о́блику. В зави́симости от материа́ла стен зда́ния усло́вно де́лят на деревя́нные и ка́менные. По ви́ду и разме́ру строи́тельных констру́кций различа́ют зда́ния из мелкоразме́рных элеме́нтов (кирпи́чные зда́ния, деревя́нные из брёвен, из ме́лких бло́ков) и из крупноразме́рных элеме́нтов (крупнобло́чные, пане́льные, из объёмных бло́ков). По эта́жности зда́ния де́лят на одно- и многоэта́жные.

В гражда́нском строи́тельстве различа́ют зда́ния малоэта́жные (1...3 этажа́), многоэта́жные (4...9 этаже́й) и повы́шенной эта́жности (10 этаже́й и бо́лее).

В зави́симости от расположе́ния этажи́ быва́ют надзе́мные, цо́кольные, подва́льные и манса́рдные (черда́чные). По сте́пени распростране́ния различа́ют зда́ния: ма́ссового строи́тельства, возводи́мые повсеме́стно, как пра́вило, по типовы́м прое́ктам (жилы́е дома́, шко́лы, дошко́льные учрежде́ния, поликли́ники, кинотеа́тры и др.); уника́льные, осо́бо ва́жной обще́ственной и народнохозя́йственной зна́чимости, возводи́мые по специа́льным прое́ктам (теа́тры, музе́и, спорти́вные зда́ния, администрати́вные учрежде́ния и др.).

Но́вые слова́

классифика́ция	分类,分级,分等
отвеча́ть/отве́тить	符合,适合;负责;回答
целесообра́зность	合理性,适当性,适宜性(阴)
прожива́ние	住,居住
защища́ть/защити́ть	保护,保卫,防护
температу́ра	温度
про́чный	坚固的,牢固的,结实的
усто́йчивый	稳固的,稳定的,不摇晃的
эксплуатацио́нный	使用的,操作的,运用的
архитекту́рно-худо́жественный	建筑艺术的
вне́шний	外部的,外面的
экстерье́р	外形,外貌,外观
вну́тренний	内部的,里面的
интерье́р	内部装修,内部装饰
вид	样子,外观;种类,类别
возде́йствовать	影响,起作用
предусма́тривать/предусмотре́ть	规定;预见到
оптима́льный	最佳的,最合适的
сре́дство	资金,经费;资料;方法,手段
единовре́менный	一次的,一回的
эксплуата́ция	使用,操作,运行
рассма́тривать/рассмотре́ть	分析,研究;细看,观察
обосно́ванность	理由,根据(阴)
рассчи́тывать/рассчита́ть	指望,期望;考虑到;计算,核算
подсо́бный	次要的,辅助的
осуществля́ться/осуществи́ться	实施,实行,实现
коммуникацио́нный	交通的,线路的;管道的
движе́ние	动作,活动;运动,移动
вла́жность	湿度,含水率(阴)
воздухообме́н	换气,通风
звуково́й	声音的,有声的
шум	噪音,噪声
светово́й	光学的

безопа́сный	安全的
эвакуа́ция	疏散,撤离
устана́вливаться/установи́ться	规定,制定;安装,安置
СНиП (строи́тельные но́рмы и пра́вила)	建筑标准与规范
подразделя́ть/подраздели́ть	分,分为,分成
силово́й	力的,强力的
ма́сса	质量;大量,许多
постоя́нный	固定的,永久的;不断的,经常的
вре́менный	暂时的,临时的
вызыва́ть/вы́звать	引起,招致;叫来,唤来
лине́йный	线的,线性的;线路的
атмосфе́рный	大气的
грунтово́й	土壤的,土地的
вла́га	水分,湿度
сво́йство	性质,特性,性能
агресси́вный	腐蚀的,侵蚀的
разруше́ние	破坏,损坏
наруша́ть/нару́шить	破坏,打破;违反,违背
акусти́ческий	声学的
про́чность	坚固性,强度(阴)
усто́йчивость	稳定性,安定性(阴)
долгове́чность	耐久性,耐用性(阴)
спосо́бность	性能,能力(阴)
воспринима́ть/восприня́ть	承受,接受;理解,领会
деформа́ция	变形
жёсткость	硬度,刚性(阴)
равнове́сие	平衡;镇静,镇定
сте́пень	级,等级;程度(阴)
срок	期限;日期
слу́жба	服务,使用;工作,职务
возгора́ние	燃烧,点燃
сгора́емый	燃烧的,可燃的
характеризова́ться	特点是,特征是
преде́л	界限,限度,范围
огнесто́йкость	耐火性,防火性(阴)

сопротивлéние	阻抗,抵抗;阻力;强度
сквознóй	穿透的,穿通的
трéщина	裂缝,裂痕
повéрхность	表面,外面,表层(阴)
противополóжный	对面的;相反的,对立的
кáменный	石头的,石制的
деревя́нный	木头的,木制的
оштукатýренный	抹灰泥的
опóра	根基;墩,墩台;支柱,支座
перегорóдка	间壁,隔壁,隔墙;隔板,挡板
эстети́ческий	美学的,审美的
ýровень	水平,程度;层,级(阳)
компози́ция	构图,布局,结构
масштáбность	比例;范围,规模(阴)
в услóвиях чегó	在……条件下
повышáться/повы́ситься	提高,改善,增加
планирóвка	平面布置图,布局,规划,设计
встрóенный	嵌入的,内装的,内置的
стóимость	价值;价格,价钱(阴)
превышáть/превы́сить	超过,超出,突破
достигáть/дости́гнуть	达到,获得,取得
отдéлка	装饰;装饰品
капитáльность	坚固性,耐久性,结实度(阴)
класс	等级;年级;教室
в зави́симости от чегó	根据,依据……,取决于……
первосóртный	一级的,头等的,上好的
запáс	储备;储存,贮藏
благоустрóйство	福利设施;使设备完善
граждáнский	民用的;公民的
сельскохозя́йственный	农用的;农业的
электростáнция	发电站,发电厂
тепли́ца	温室
архитектýрно-конструкти́вный	建筑结构的;建筑设计的
óблик	外形,外貌,外表
мелкоразмéрный	小号的,小尺码的

кирпи́чный	砖的,砖砌的
бревно́	原木
блок	(混凝土、石等)预制件; 块, 板
крупноразме́рный	大规模的,大规格的
цо́кольный	底层的,基脚的,基座的
подва́льный	地下室的
манса́рдный	阁楼的

Зада́ния к те́ксту

1. Отве́тьте на сле́дующие вопро́сы по содержа́нию те́кста.

(1) Каки́м тре́бованиям должно́ отвеча́ть любо́е зда́ние?

(2) От чего́ зави́сит ка́чество среды́?

(3) На что подразделя́ют возде́йствия, восприни́маемые зда́нием в це́лом и его́ отде́льными элеме́нтами?

(4) Что называ́ют про́чностью, усто́йчивостью и долгове́чностью зда́ния?

(5) На что де́лят применя́емые для строи́тельства материа́лы и констру́кции?

(6) Для чего́ предназна́чены гражда́нские зда́ния? На что их разделя́ют?

2. Переведи́те сле́дующие словосочета́ния на кита́йский язы́к.

(1) функциона́льная целесообра́зность

(2) архитекту́рно-худо́жественная вырази́тельность

(3) вну́тренний вид

(4) подсо́бная фу́нкция

(5) коммуникацио́нное помеще́ние

(6) возду́шная среда́

(7) звуково́й режи́м

(8) ка́чество среды́

(9) силово́е возде́йствие

(10) сво́йство материа́ла

(11) оста́точная деформа́ция

(12) сквозна́я тре́щина

(13) сте́пень возгора́ния

(14) вну́тренняя и нару́жная отде́лка

(15) сельскохозя́йственное зда́ние

3. Переведи́те сле́дующие словосочета́ния на ру́сский язы́к.

(1) 技术可行性

(2) 外观

(3) 建筑成本

(4) 主要功能

（5）可视度
（6）安全疏散
（7）线性尺寸
（8）空气流动
（9）破坏构造
（10）保持平衡
（11）不燃材料
（12）耐火极限
（13）建筑的面积和体积
（14）一级材料
（15）民用建筑

УРО́К 18

РАЗДЕ́Л 1 ТЕКСТ

ОЧАРОВА́НИЕ РУ́ССКОЙ ЖИ́ВОПИСИ (2)

А тепе́рь дава́йте вме́сте посмо́трим на не́которые карти́ны ру́сских худо́жников.

Карти́ны И. Е. Ре́пина отража́ют пра́вду совреме́нной ему́ жи́зни (《Бурлаки́ на Во́лге》).

Ска́зочные о́бразы наполня́ют карти́ны В. М. Васнецо́ва (《Алёнушка》《Ива́н-царе́вич на се́ром во́лке》).

《Богатыри́》 В. М. Васнецо́ва и 《Запоро́жцы》 И. Е. Ре́пина выража́ют патриоти́ческие иде́и наро́дного вели́чия.

Мо́ре на карти́нах И. К. Айвазо́вского полно́ жи́зненной энерге́тики и мо́щи (《Девя́тый вал》).

Наивы́сшей то́чки реалисти́чности достига́ют ру́сские пейза́жи И. И. Ши́шкина (《У́тро в сосно́вом лесу́》).

Портре́ты В. А. Серо́ва напо́лнены осо́бой энерге́тикой (《Де́вочка с пе́рсиками》).

В тво́рчестве В. И. Су́рикова расцве́та достига́ет истори́ческая жи́вопись (《Боя́рыня Моро́зова》《У́тро стреле́цкой ка́зни》).

На карти́ну М. А. Вру́беля (《Царе́вна-ле́бедь》) наложи́л отпеча́ток декада́нс, напо́лнив их глубоча́йшей тоско́й и безнадёжностью.

《Золота́я о́сень》 И. И. Левита́на влюбля́ет в себя́ красото́й ру́сского ле́са.

Авангарди́зм пе́рвой полови́ны XX ве́ка предста́влен мно́жеством тече́ний. В сти́ле футури́зма твори́л К. С. Мале́вич (《Чёрный квадра́т》).

Па́фосом свобо́дного восприя́тия ми́ра напо́лнены рабо́ты экспрессиони́ста В. В. Канди́нского (《Фу́га》).

По́сле револю́ции развива́ется иску́сство монумента́льных панно́ (К. С. Петро́в-Во́дкин 《Купа́ние кра́сного коня́》).

Зада́ния к те́ксту

I. Вы́учите но́вые слова́ и словосочета́ния.

отража́ть 反映

бурла́к 纤夫,拉船工

скá́зочный — 神奇的

богаты́рь — 英雄，勇士(阳)

запоро́жец — 扎波罗热人

патриоти́ческий — 爱国的

мощь — 实力(阴)

вал — 大浪，巨浪

сосно́вый лес — 松林

пе́рсик — 桃子

ле́бедь — 天鹅(阳)

декада́нс — 颓废

тоска́ — 忧愁

авангарди́зм — 先锋主义

футури́зм — 未来主义

па́фос — 悲怆

фу́га — 赋格曲

экспрессиони́ст — 表现主义者

монумента́льный — 雄伟的；深刻的

панно́ — 带雕塑(或彩画)的墙壁(或顶棚)

II. Отве́тьте на вопро́сы.

1. Кого́ из на́званных в те́ксте ру́сских худо́жников вы зна́ете и чьи карти́ны вы ви́дели?

2. Кака́я из предста́вленных карти́н вам понра́вилась бо́льше всего́ и почему́?

III. Запо́лните про́пуски в соотве́тствии с содержа́нием те́кста.

1. Карти́ны И. Е. Ре́пина __________ пра́вду совреме́нной ему́ жи́зни.

2. __________ о́бразы наполня́ют карти́ны В. М. Васнецо́ва.

3. Карти́ны В. М. Васнецо́ва и И. Е. Ре́пина выража́ют __________ иде́и наро́дного вели́чия.

4. На карти́ну М. А. Вру́беля наложи́л отпеча́ток __________.

5. Авангарди́зм пе́рвой полови́ны XX ве́ка предста́влен мно́жеством __________.

IV. Соедини́те слова́ и словосочета́ния с их определе́нием, сино́нимом (*Табли́ца* 18.1).

Табли́ца 18.1

Слова́ и словосочета́ния	Определе́ние, сино́ним
отража́ть	энтузиа́зм, воодушевле́ние, подъём
мощь	изобража́ть, пока́зывать
наложи́ть отпеча́ток	вели́чественный
тече́ние	си́ла

Продолже́ние табли́цы 18.1

Слова́ и словосочета́ния	Определе́ние, сино́ним
па́фос	оста́вить след
монумента́льный	направле́ние

V. Прочита́йте предложе́ния. Вы согла́сны с тем, что напи́сано? Е́сли нет, то испра́вьте оши́бки.

1. И. К. Айвазо́вский изобража́л на карти́нах мо́ре, по́лное жи́зненной энерге́тики и мо́щи.

2. В тво́рчестве В. И. Су́рикова расцве́та достига́ет бата́льная жи́вопись.

3. Карти́на М. А. Вру́беля (《Царе́вна-ле́бедь》) полна́ глубоча́йшей тоски́ и безнадё-жности.

4. Авангарди́зм пе́рвой полови́ны XX ве́ка предста́влен одни́м тече́нием — футури́з-мом.

5. По́сле револю́ции развива́ется иску́сство монумента́льных панно́.

РАЗДЕ́Л 2 ГРАЖДА́НСКОЕ СТРОИ́ТЕЛЬСТВО

ТЕКСТ 1 ПРОЕКТИ́РОВАНИЕ ГРАЖДА́НСКИХ ЗДА́НИЙ

Прое́ктом называ́ют компле́кт техни́ческих докуме́нтов, по́лностью характеризу́ю-щих наме́ченное к строи́тельству зда́ние, сооруже́ние и́ли их ко́мплекс. Строи́тельство зда́ний мо́жет осуществля́ться по типовы́м, индивидуа́льным и эксперимента́льным прое́ктам.

Типово́й прое́кт предназна́чен для многокра́тного примене́ния. При его́ разрабо́тке должны́ быть по́лностью учтены́ экономи́ческие и эксплуатацио́нные тре́бования, приро́-дно-климати́ческие усло́вия райо́на строи́тельства, а та́кже тре́бования высо́кого у́ровня объёмно-плани́ровочного и конструкти́вного реше́ний.

По типовы́м прое́ктам возво́дят зда́ния ма́ссового строи́тельства (жилы́е дома́, шко́-лы, де́тские сады́ и я́сли, поликли́ники и др.). В проце́ссе примене́ния типово́го прое́к-та к усло́виям конкре́тной строи́тельной площа́дки разраба́тывают прое́кт привя́зки (приспособле́ние типово́го прое́кта к конкре́тной градостро́ительной ситуа́ции, релье́фу, гру́нтам). В соста́в рабо́чих чертеже́й привя́зки вхо́дят уточнённые чертежи́ фунда́мен-тов, подва́лов, цо́кольной ча́сти, чертежи́ примыка́ния инжене́рных сете́й зда́ния к нару́-жным сетя́м на уча́стке и др.

Индивидуа́льные прое́кты разраба́тывают для строи́тельства сло́жных и уника́льных зда́ний и их ко́мплексов, име́ющих ва́жное градостро́ительное значе́ние.

Прое́кты эксперимента́льного строи́тельства предназна́чены для возведе́ния зда́ний но́вых ти́пов и их прове́рки в эксплуатацио́нных усло́виях с це́лью после́дующего внедре́-ния в ма́ссовое строи́тельство.

Прое́кты разраба́тываются коллекти́вами специали́стов прое́ктных организа́ций и институ́тов (архите́кторами, инжене́рами-констру́кторами, инжене́рами-техно́логами, специали́стами по инжене́рному обору́дованию, техноло́гии и организа́ции строи́тельства, экономи́стами).

Исхо́дным докуме́нтом для нача́ла проекти́рования явля́ется зада́ние на проекти́рование, кото́рое составля́ет зака́зчик прое́кта вме́сте с прое́ктной организа́цией. Зада́ние на проекти́рование соде́ржит необходи́мые да́нные о назначе́нии и мо́щности (величине́) проекти́руемого зда́ния, описа́ние райо́на строи́тельства, геодези́ческий план уча́стка, сро́ки нача́ла и оконча́ния строи́тельства объе́кта, применя́емые констру́кции и материа́лы. На осно́ве зада́ния и строи́тельных норм и пра́вил составля́ют програ́мму проекти́рования, содержа́щую пе́речень помеще́ний зда́ния, их пло́щади и осо́бые тре́бования к ним в отноше́нии объёмно-плани́ро́вочного, конструкти́вного и архитекту́рно-худо́жественного реше́ний.

Но́вые слова́

типово́й	标准的;示范的;典型的
индивидуа́льный	个性的,独特的;个人的;个别的
эксперимента́льный	实验的,试验的
разрабо́тка	制定,拟定;分析,研究;加工,开采
объёмно-планиро́вочный	立体设计的
площа́дка	工地,场地;台,平台
приспособле́ние	适应;装备,设备
ситуа́ция	情况,形势,局势
релье́ф	地形,地势,地貌
грунт	土,土壤,土地
чертёж	图,图纸;平面图,设计图
подва́л	地下室
примыка́ние	连接,衔接
организа́ция	机构,机关,单位;组织,安排
архите́ктор	建筑师,建筑学家
инжене́р-констру́ктор	结构设计工程师
инжене́р-техно́лог	工艺工程师
составля́ть/соста́вить	编写,制定;总计,共计
содержа́ть	含有,包括;保持,保存
мо́щность	容量;生产能力;功率(阴)

величина́	大小,尺寸;值,数
геодези́ческий	测地的,大地测量的
на осно́ве чего́	根据……,在……基础上
програ́мма	计划,规划;大纲,提纲

Зада́ния к те́ксту

1. Отве́тьте на сле́дующие вопро́сы по содержа́нию те́кста.

(1) Что называ́ют прое́ктом?

(2) По каки́м прое́ктам осуществля́ется строи́тельство зда́ний?

(3) Для чего́ предназна́чены типово́й, индивидуа́льный и эксперимента́льный прое́кты?

(4) Кем разраба́тываются прое́кты?

(5) Что соде́ржит зада́ние на проекти́рование?

2. Переведи́те сле́дующие словосочета́ния на кита́йский язы́к.

(1) индивидуа́льный прое́кт

(2) эксперимента́льный прое́кт

(3) эксплуатацио́нное тре́бование

(4) прое́кт привя́зки

(5) прое́ктная организа́ция

(6) мо́щность зда́ния

(7) райо́н строи́тельства

(8) програ́мма проекти́рования

3. Переведи́те сле́дующие словосочета́ния на ру́сский язы́к.

(1) 标准方案

(2) 经济要求

(3) 大规模建设

(4) 建筑工地

(5) 施工图

(6) 设计任务书

(7) 建筑的用途

(8) 大地测量图

ТЕКСТ 2　ПРОМЫ́ШЛЕННЫЕ ЗДА́НИЯ И ИХ КОНСТРУ́КЦИИ

Промы́шленные предприя́тия разделя́ют на о́трасли произво́дства, кото́рые явля́ются составно́й ча́стью наро́дного хозя́йства. Они́ состоя́т из промы́шленных зда́ний, кото́рые предназна́чены для осуществле́ния произво́дственно – технологи́ческих проце́ссов, пря́мо и́ли ко́свенно свя́занных с вы́пуском определённого ви́да проду́кции.

Незави́симо от о́трасли промы́шленности зда́ния разделя́ют на четы́ре основны́е гру́ппы: произво́дственные, энергети́ческие, зда́ния тра́нспортно-складско́го хозя́йства и вспомога́тельные зда́ния и́ли помеще́ния.

Но́вые слова́

составно́й	组成的
осуществле́ние	实施，实行，实现
произво́дственно-технологи́ческий	生产工艺的
вы́пуск	出产；生产量
проду́кция	产品
незави́симо от чего́	无论……，不管……
энергети́ческий	能源的，动力的
тра́нспортно-складско́й	运输储藏的，储运的
вспомога́тельный	辅助的，补充的，备用的

Зада́ния к те́ксту

1. Отве́тьте на сле́дующие вопро́сы по содержа́нию те́кста.

(1) Из чего́ состоя́т промы́шленные предприя́тия?

(2) На каки́е основны́е гру́ппы разделя́ют промы́шленные зда́ния незави́симо от о́трасли?

2. Переведи́те сле́дующие словосочета́ния на кита́йский язы́к.

(1) о́трасль произво́дства

(2) произво́дственно-технологи́ческий проце́сс

(3) энергети́ческое зда́ние

(4) зда́ние тра́нспортно-складско́го хозя́йства

3. Переведи́те сле́дующие словосочета́ния на ру́сский язы́к.

(1) 工业建筑

(2) 产品投产

(3) 生产建筑

(4) 辅助建筑

СЛОВА́РЬ 1

А

абитурие́нт	参加高考的学生
авангарди́зм	先锋主义
агра́рный	农业的
аксессуа́р	附属品
алле́я	林荫道
алма́з	钻石
а́лый	大红色的
анималисти́ческий	动物造型的
антитоталита́рный	反极权主义的
антиуто́пия	反乌托邦
архипела́г	群岛
аспиранту́ра	研究生院,研究生部
ателье́	工作室
а́томная электроста́нция	核电站
атрибу́т	属性

Б

бакалавриа́т	学士教育，本科教育
балл	分数
бата́льный	描写战斗的
без сомне́ния	毫无疑问
бесконе́чность	无限性(阴)
биатло́н	现代冬季两项(越野滑雪与射击相结合的一项运动)
богаты́рь	英雄,勇士(阳)
бой кура́нтов	钟声

борьба́	竞争;竞赛
брасле́т	手镯
бро́нзовый	铜质的
бужени́на	炖猪肉
бурла́к	纤夫,拉船工
буфе́т	小吃店

В

вал	大浪,巨浪
ветера́н	老兵
византи́йский	拜占庭的
виногра́дарство	葡萄栽培
внедри́ть	推广,采用
во́льное упражне́ние	自由体操
воспита́тель	教导员;保育员(阳)
вре́дная привы́чка	坏习惯
вса́дница	女骑手
всеми́рный	全世界的
вуз (вы́сшее уче́бное заведе́ние)	大学
вулка́н	火山
выно́сливость	耐力(阴)
вы́печка	烘焙产品
вы́плавка	冶炼
вырази́тельный	富有表现力的
выра́щиваться	培养;培育

Г

галере́я	美术馆
гарни́р	配菜
ге́йзер	喷泉
геополити́ческий	地缘政治的
гидравли́ческая электроста́нция	水力发电站
гимнасти́ческий снаря́д	体操器械

глобализáция	全球化
Голлáндия	荷兰
гóнка	比赛,竞赛
гостеприи́мство	好客
граждáнский	公民的
гранáтовый	鲜红色的
грáция	优雅
грек	希腊人
гречи́ха	荞麦
грóмкий	大声的;激昂的
грузовóй автомоби́ль	载重汽车

Д

дéйствующий	活动的,运行的
декадáнс	颓废
декларáция	宣言,声明
деревообрабáтывающий	木材加工的
дисципли́на	纪律;科目;项目
дичь	野味(阴)
добывáющий	开采的
долгождáнный	期待已久的
дополни́тельный	附加的
допускáть	允许
древеси́на	木材

Ж

желéзная рудá	铁矿石
жи́вопись	绘画(阴)
животновóдство	畜牧业
жили́щно-коммунáльное хозя́йство	住宅及公用设施

З

завоевáтель	征服者(阳)

зага́дывать	推想，预想，预计
заи́мствование	借用
заключе́ние	禁闭，监禁
заку́ска	小吃；冷盘
зали́в	海湾
зао́чная фо́рма обуче́ния	函授方式
запека́ние	烘焙
запове́дник	自然保护区
запоро́жец	扎波罗热人
запра́вленный	加了……的
захва́тчик	侵略者
защи́тник	保护者
зва́ный ве́чер	招待客人的晚宴
земледе́лие	耕作（农业）
зерново́й	谷物的
зла́ки	谷物
золото́й	金质的
зре́лищный	演出的

И

изде́лие	产品
изобрази́тельный	造型的
имени́тый	高贵的，很有名望的
индустриа́льный	工业的
инозе́мный	外国的
и́скренность	真诚（阴）
иску́сство	艺术
Ита́лия	意大利

К

кабачко́вая икра́	西葫芦鱼子酱
каза́к	哥萨克（人）
капу́ста	卷心菜

картóн	纸板
картóфель	马铃薯，土豆(阳)
кáша	粥
квáшеный	酸渍的,发酸的
ключевóй	关键的，主要的
колбасá	香肠
конкурéнт	竞争者,对手
корáбль	船舶(阳)
корт	网球场
котловáн	基坑
креди́тно-финáнсовое обслýживание	金融信贷服务
круи́з	水路旅游
крупá	(各种粮食作物的)米,粒,仁
крýпный рогáтый скот	牛
купéц	商人
курóрт	疗养地

Л

лáгерь	拘留地点(阳)
лéбедь	天鹅(阳)
легковóй автомоби́ль	轿车
ли́дер	领先者
лиди́рующий	领先的
ли́рика	抒情诗
лóкоть	肘部(阳)
льнянóй	亚麻的

М

магистратýра	硕士研究生学制；硕士研究生部
майонéз	蛋黄酱
манéра поведéния	行为方式
маринóванный	醋渍的
мáссовый	群众(性)的

меда́ль	奖章(阴)
металлурги́ческий	冶金的
металлурги́я	冶金学
мечта́	梦想
минера́льный исто́чник	矿泉
мише́нь	靶子(阴)
моги́ла	坟墓
моло́чное блю́до	牛奶制品
монумента́льный	雄伟的;深刻的
мощь	实力(阴)
му́жество	勇气
мучно́е блю́до	面食
мя́со	肉类

Н

наби́тый	塞满的
напи́ток	饮料
насле́дие	遗产
наступа́ть	来临,到来
натюрмо́рт	静物写生
недоста́ток	劣势
необозри́мый	无边无际的
непреме́нно	一定
несовершенноле́тний	未成年人
нефть	石油(阴)
Но́белевская пре́мия	诺贝尔奖
ностальги́я	怀旧

О

обая́ние	魅力
обеспе́чивать	提供
обогаща́ться	丰富
о́бщий	普通的

обы́денный	日常的
обяза́тельный	义务的
овёс	燕麦
огоро́д	菜园
ожида́ть	期待
окружа́ющий мир	周围的世界
омле́т	煎蛋饼
опо́рный прыжо́к	跳马；鞍马
опря́тность	整洁(阴)
оте́чество	祖国
отража́ть	反映
о́трасль	部门;分科(阴)
отры́гиваться	打嗝儿
о́ттепель	解冻(阴)
о́чная фо́рма обуче́ния	面授方式

П

панно́	带雕塑(或彩画)的墙壁(或顶棚)
пара́д	盛大的检阅
па́рус	帆
патриоти́ческий	爱国的
па́фос	悲怆
пейза́ж	景观
перекуси́ть	吃一点
перераба́тывающий	加工的
пе́рсик	桃子
пик	顶峰
пищеваре́ние	消化
пла́стика	姿势与动作的轻盈优美
повсеме́стно	到处
подража́тельный	模仿的
подря́д	连续,接连
портре́т	肖像画
постмодерни́зм	后现代主义

потесни́ть	挤
похва́статься	自夸,吹牛
почита́ние	尊敬
поэ́зия	诗歌
предве́стник	预兆
предусма́тривать	预见到
препя́тствие	障碍
пре́сная вода́	淡水
привле́чь	吸引
прикры́ть	掩盖
приме́та	标志
приро́дный газ	天然气
присва́иваться	授予
про́за	散文
про́звище	绰号
прозра́чный	透明的
про́со	黍米
простор́ечие	白话
профессиона́льный	专业的
профила́ктика	预防
профсою́з	工会
публи́чный	公开的
пункту́альность	守时(阴)
пусты́ня	沙漠
пшени́ца	小麦

Р

развора́чивать	打开,拆开
разря́д	(某种运动的)等级
распростране́ние	分布情况
расска́з	故事,短篇小说
ра́фтинг	漂流(运动)
реали́зм	现实主义
реали́ст	现实主义者

ре́дька	萝卜
ре́заться	切
реко́рд	纪录
рекреацио́нный	休养的
ремо́нтная мастерска́я	修理厂
ре́па	芜菁
рожь	黑麦(阴)
ро́зничный	零售的
романти́ческий	浪漫的
Рособрнадзо́р	俄罗斯联邦教育和科学监督局

С

с любопы́тством	带着好奇心
с пусты́ми рука́ми	空着手
садово́дство	园艺学
салю́т	礼炮
санато́рий	疗养院
сафа́ри	游猎区
сбо́рная	联队
свёкла	甜菜
свёрток	包裹
све́тский	世俗的
сельскохозя́йственный	农业领域的
сере́бряный	银质的
сжига́ть	烧掉
си́мвол	象征；标志；符号，记号
символи́зм	象征意义
синхро́нный	同步的
ска́зочный	神奇的
скла́дываться	定型
сковорода́	煎锅
скоропо́ртящийся	易腐烂的
сла́ва	荣耀
соба́чья упря́жка	狗拉雪橇

сокрове́нный	内心的;隐秘的
соревнова́ние	比赛
сосно́вый лес	松林
состяза́ние	比赛;竞赛
сочу́вствие	同情
спи́чка	火柴
спу́тница	同伴
степь	草原(阴)
столо́вый прибо́р	餐具
страхова́я компа́ния	保险公司
стрельба́	射击运动
сувени́р	纪念品
суверените́т	主权
суп	汤
суро́вый	严寒的,寒冷的
сфе́ра обслу́живания	服务行业
съезд	代表大会
сырьё	原料
сы́тно	吃得饱

T

тайга́	原始森林
тракти́чность	机智;有分寸(阴)
тво́рческий	创造(性)的
тексти́льный	纺织的
теплова́я электроста́нция	火力发电站
те́сто	面团
тече́ние	派别,流派
ти́хий	安静的;静派的
ткань	布匹(阴)
томле́ние	焖烧
то́пливный	燃料的
торже́ственный	庄严的
тоска́	忧愁

трилóгия	三部曲
триýмф	凯旋;胜利
трубопровóдный	管道的
тýндра	苔原
турбáза	旅行基地
турнúр	比赛
тушéние	炖

У

убеждéние	信仰; 信念
ýголь	煤(阳)
угрю́мый	忧郁的
умéренный	温和的; 温带的
услóвный	有条件的
учреждéние	机构
ую́т	舒适

Ф

фаворúт	最有希望的运动员;宠儿
фанéра	胶合板
фарширóванный поросёнок	带馅的酿乳猪
фашúстский	法西斯主义的
фигýрное катáние	花样滑冰
фýга	赋格曲
фундаментáльный	基本的
футурúзм	未来主义

Х

химчúстка	干洗店
хлопчатобумáжный	棉花的
хоккéист	冰球运动员
холодéц (стýдень)	肉冻

художественная гимна́стика 艺术体操

Ц

целе́бный 有益健康的
целлюло́за 纤维素
цени́ться 被人珍惜
цепь 山脉(阴)
ци́трусовый 柑橘类植物

Ч

ча́вкать 吧嗒嘴
чемпиона́т 冠军赛
че́тверть 学季(四分之一学年)(阴)
чиха́ть/чихну́ть 打喷嚏
чу́до 奇迹
чу́чело 稻草人

Ш

шёлковый 丝的
шерстяно́й 毛的
шест 杆
ше́ствие 游行
шкала́ 标度

Э

экологи́ческий тури́зм (экотури́зм) 生态旅游
эксплуата́ция 剥削
экспрессиони́ст 表现主义者
экстрема́л 极限运动项目拥护者
эмигри́ровать 移民
этике́т 礼仪

Ю

ювени́льный	初生的,原生的

Я

я́года	浆果
яи́чница	煎蛋
я́сли	托儿所
ячме́нь	大麦(阳)

СЛОВА́РЬ 2

А

абстра́ктный	抽象的
авари́йный	紧急的,备用的,事故的
ава́рия	事故,故障
автоблокиро́вка	自动闭塞(装置)
автоматиза́ция	自动化
автома́тика	自动装置;自动学,自动化技术
автомати́ческий	自动的,自动化的
автопереключа́тель	自动开关,自动转换开关(阳)
агрега́т	部件;装置;联动机
агресси́вный	腐蚀的,侵蚀的
актуа́льный	具有现实意义的
акусти́ческий	声学的
алгори́тм	算法
ана́лиз	分析,检验
анализи́ровать	分析
аппара́тное сре́дство	硬件
аппара́тный	硬件的,仪器的,设备的
аргумента́ция	论证
архите́ктор	建筑师,建筑学家
архитекту́ра	体系, 结构
архитекту́рно-конструкти́вный	建筑结构的;建筑设计的
архитекту́рно-худо́жественный	建筑艺术的
ассортиме́нт	分类
атмосфе́рный	大气的

Б

безопа́сность	安全(性)(阴)
безопа́сный	安全的
бережли́вый	节约的,节俭的
благоустро́йство	福利设施;使设备完善
бли́зкий к чему́	相近的,相似的
блок	(混凝土、石等)预制件;块,板
блокиро́вка	闭塞系统
блок-уча́сток	闭塞区段
бревно́	原木

В

в большинстве́ слу́чаев	在大多数场合,通常是,多半是
в зави́симости от чего́	[前]取决于……
в основно́м	主要
в свою́ о́чередь	本身也;同时
в соотве́тствии с чем	[前]按照;根据
в усло́виях чего́	在……条件下
в хо́де чего́	在……过程中
в це́лом	整体上
ваго́н	车厢
ве́домство	部门
величина́	大小,尺寸;值,数
вероя́тность	概率,机率,或然率,可能性(阴)
взаимоде́йствие	相互作用
вид	样子,外观;种类,类别
ви́дение	视觉
визуализа́ция	形象化,直观化
включе́ние	接通,连接
вла́га	水分,湿度
владе́ть	掌握,控制,支配
вла́жность	湿度,含水率(阴)

влечь за собо́й	引起；招致；结果是
влия́ть/повлия́ть	影响,作用
вложе́ние	投入,投资
внедре́ние	推广,采用
вне́шний	外部的,外面的
вне́шний мир	外界
вну́тренний	内部的,里面的
во́время	准时
возводи́ть/возвести́	建造,建筑,修建
возгора́ние	燃烧,点燃
возде́йствие	影响
возде́йствовать	影响,起作用
воздухообме́н	换气,通风
возду́шная ли́ния свя́зи	通信架空线路
возмеще́ние	补偿
возника́ть/возни́кнуть	发生,产生,出现
возникнове́ние	出现,发生
воспринима́ть/восприня́ть	承受,接受;理解,领会
восстановле́ние	还原,恢复;重建,修复;再生
вре́менный	暂时的,临时的
всевозмо́жный	各种各样的
всле́дствие	由于
вспомога́тельный	辅助的,补充的,备用的
встро́енный	嵌入的,内装的,内置的
входно́й	输入的
вы́бор	选择
вы́грузка	卸载,卸货
вы́дача	交付,支付;付出款项
выделя́ть/вы́делить	分出,划出
выде́рживать/вы́держать	经受,耐受,承受
вызыва́ть/вы́звать	引起,招致;叫来,唤来
вы́пуск	出产;生产量
вы́пустить	生产,制造
вы́сший	高等的
выходно́й	输出的

вычисли́тельная маши́на	计算机
вычисли́тельный	计算的

Г

гармониза́ция	协调
генери́руемый	发生的,形成的,生成的
генери́рующий	生成的
геодези́ческий	测地的,大地测量的
ги́бкий	柔韧的,柔软的
гидра́влика	水力学,流体力学
глоба́льный	全球的
го́рка	驼峰调车场, 驼峰编组场
гото́вый	现成的,准备好的
гражда́нский	民用的;公民的
графи́ческий	图形的,图表的
груз	货物
грузова́я опера́ция	货运业务
грузова́я ста́нция	货运站
грузопеперабо́тка	货物装卸
грунт	土,土壤,土地
грунтово́й	土壤的,土地的
гру́ппа	类,型,级;组,班,派

Д

дальне́йший	今后的,进一步的
движе́ние	通行,交通;动作,活动;运动,移动
двухпо́люсное (многопо́люсное) отключе́ние	两级(多级)中断
декомпози́ция	分解
декорати́вный	装饰的
дели́ться	划分,分类
депо́вский ремо́нт	段修
деревя́нный	木头的,木制的

дета́ль	细节;零件(阴)
деформа́ция	变形
диза́йнер	设计师
диспе́тчерский	调度的
дифференци́рованный	有差别的
до сих пор	迄今为止
долгове́чность	耐久性,耐用性(阴)
долгове́чный	耐久的,坚固耐用的
дополня́ть/допо́лнить	补充,附加,补足
достига́ть/дости́гнуть	达到,获得,取得

Е

единовре́менный	一次的,一回的
естественнонау́чный	自然科学的

Ж

железнодоро́жная ли́ния	铁路(线)
жёсткость	硬度,刚性(阴)
живо́й	活着的

З

за счёт чего́	依靠,用
зави́сеть	取决于……,由……决定
зада́ча	任务,使命,宗旨
зака́зчик	甲方,订货人
заку́пка	购买
замыка́ние	封闭
за́мысел	构思,意图
запа́с	储备
за́пуск	启动,触发
зара́нее	预先, 事先
защи́та	保护

защи́тный	保护的,防护的,防御的
защища́ть/защити́ть	保护,保卫,防护
звено́	环节
звуково́й	声音的,有声的
земе́льный	土地的
зна́ковый	符号的
значе́ние	意义
значи́тельный	重要的

И

иерархи́ческий	体系的; 分级的, 分层的
изде́лие	制造品,产品,成品
изде́ржка	费用
измере́ние	测量,测定,计量
измери́тельный	测量的,量度的
изна́шивание	磨损,损耗
износосто́йкость	耐磨性(阴)
и́менно	正是,即
и́мпульс	脉冲
и́мпульсная после́довательность	脉冲列
индивидуа́льный	个性的,独特的;个人的;个别的
инжене́р-констру́ктор	结构设计工程师
инжене́рный	工程的
инжене́р-техно́лог	工艺工程师
инновацио́нный	创新的
интегра́льная микросхе́ма	集成电路
интегри́рованный	综合的
интегри́ровать	使整体化,使一体化
интеллектуа́льный	智力的,理智的,精神的;智力发达的
интенси́вность	强度(阴)
интерва́л	时间间隔
интерва́льный	间隔的
интерье́р	内部装修,内部装饰
информа́тика	情报学,信息学,信息技术

инфраструкту́ра	基础设施
ины́ми слова́ми	或者说；换句话说
исключа́ть	排除;消除;删除;除去
исполни́тельный элеме́нт	执行元件;操作元件
испра́вный	完好的
испы́тывать	感觉,感受;试验,试用,考验
исто́чник	文献资料
исто́чник электропита́ния	供电电源
исхо́дный	初始的,原始的
ито́г	结果

К

ка́бельная ли́ния свя́зи	通信电缆线
ка́менный	石头的,石制的
капита́льность	坚固性,耐久性,结实度(阴)
ка́чественный	优质的;质量的,品质的
квалифици́рованный	技能熟练的,水平高的,有经验的
кирпи́чный	砖的,砖砌的
класс	等级;年级;教室
классифика́ция	分类
клиенту́ра	顾客,客户
кно́пка	按钮
коли́чество	数量
кома́нда	团队;指令
комбини́роваться	搭配,组合
комме́рческий	商业的
коммуникацио́нный	交通的,线路的;管道的
коммуника́ция	管道,管线;交通线
компози́т	复合材料
компози́ция	构图,布局,结构
компоне́нт	组成部分,要素
коне́чный	最终的
конкретизи́роваться	具体化
конструи́рование	设计,构造

конструкти́вный	结构上的,构造上的;设计的
констру́кция	结构,构造
конте́кст	语境
контроли́роваться	检查
контро́ль	检测,监督,控制(阳)
контро́льная цепь	控制电路
контро́льное реле́	控制继电器
контро́льный элеме́нт	控制元件
концептуа́льный	概念的
конце́пция	概念
координа́ция	协调
коро́ткое замыка́ние	短路,短接
корпорати́вный	公司的
корпора́ция	公司
креати́вный	创造性的
крите́рий	标准, 准则
крупноразме́рный	大规模的,大规格的

Л

лине́йный	线的,线性的;线路的
логи́стика	物流
логи́ческая констру́кция	逻辑结构
логи́ческий	逻辑的
логи́чно	合乎逻辑地
ло́жное сраба́тывание	假动作
лока́льный	局部的
локомоти́в	机车,火车头
локомоти́вная автомати́ческая сигнализа́ция	机车自动信号装置
локомоти́вный	机车的

М

магистра́льный	干线的
маке́т	实体模型,样机,样本
макети́рование	制模
маневро́вый	调车的
манса́рдный	阁楼的
марке́тинг	市场营销,销售学
маршру́т	路线
маршру́тный	直达的
ма́сса	质量;大量,许多
масшта́бность	比例;范围,规模(阴)
материалове́дение	材料学
междисциплина́рный	跨学科的
мелкоразме́рный	小号的,小尺码的
мета́лл	金属
металлоре́жущий	金属切削的
механи́зм	机械,机器
механи́ческое замыка́ние	机械锁闭
микроконтро́ллер	微控制器
микропроце́ссор	微处理器
микропроце́ссорная систе́ма	微处理器系统
минусово́й	负的,负值的;零下的
многоу́ровневый	多层的,多级的
моделиро́вание	模拟,仿真
мо́щность	容量;生产能力;功率(阴)
мышле́ние	思维

Н

на осно́ве чего́	根据……,在……基础上
наблюда́ться	出现,呈现,看到,有
набо́р	一套,一组
нава́лочная площа́дка	堆货场

нагре́в	加热,发热
нагру́зка	负荷,载荷,载重
надёжность	可靠性,安全性(阴)
назе́мный	地上的,地面上的
назначе́ние	用途,功用
нако́пленный	累积的
нала́живание	调整;建立
нанесе́ние	涂色,镀层
наноматериа́лы	纳米材料
напра́вленный	有明确方向的
направле́ние	方向,方面;派别,流派
нарабо́тка	工作时间
наруша́ть/нару́шить	破坏,打破;违反,违背
наруше́ние	破坏,违反
наряду́ с чем	与……并列,与……同时
настро́йка	调谐;调准;调整
недопусти́мый	不能容许的
незави́симо от чего́	无论……,不管……
неиспра́вность	故障,损坏(阴)
неотъе́млемый	不可分离的
непосре́дственно	直接地
непреры́вный	连续的,不间断的
номенклату́ра	品名
норми́рование	规定标准;定额,规格化
носи́тель	载体(阳)
нюа́нс	细微差异

О

обго́н	越行;超车(汽车运输)
обго́нный пункт	越行站
обеспе́чение	保障,保证
обеспе́чивающий	被保障的,提供服务的
о́блик	外形,外貌,外表
обновле́ние	更新,革新;修复,恢复

обогаща́ть/обогати́ть	丰富
обозна́ченный	被标记的
оборо́нный	防御的,国防的
обору́дованный	安装好的,已安装的
обосно́ванность	理由,根据(阴)
обособле́ние	独立
обосо́бленный	独立式的
обрабо́тка	加工;处理
обрабо́тчик	处理器
образо́вывать/образова́ть	构成,形成,组成
обраще́ние	处理
обры́в	断路
обслу́живание	服务
обусло́вливать	作为……的前提条件
о́бщий	总的,概括的,一般的;公共的,共同的
о́бщность	共同性,一致性(阴)
объедини́ть	使联合,使合并
объём	范围; 量; 体积
объёмно-планиро́вочный	立体设计的
объёмный	立体的
овеществлённый	物化的
огнесто́йкость	耐火性,防火性(阴)
ОЗУ (операти́вное запомина́ющее устро́йство)	随机存储器
ока́зывать	予以
окружа́ющая среда́	周围环境
опублико́ванный	已出版的
опа́сный	危险的
операти́вность	效能(阴)
операти́вный	业务上的,操作的
опера́ция	操作; 行动
опо́ра	根基;墩,墩台;支柱,支座
определя́ть/определи́ть	确定,规定
оптима́льный	最佳的,最合适的
оптимиза́ция	优化,优选,最佳化

оптимизи́ровать	优化
организа́ция	机构,机关,单位;组织,安排
органи́чный	固有的
ору́дие	工具
освое́ние	掌握
осмы́сленный	有理性的
основно́й	基本的,根本的,主要的
осо́бенность	特点,特征(阴)
осуществле́ние	实施,实行,实现(名)
осуществля́ться/осуществи́ться	实施,实行,实现(动)
отвеча́ть/отве́тить	符合,适合;负责;回答
отвлека́ться/отвле́чься	分心,走神;离开,丢下
отде́лка	装饰;装饰品
отде́льный	单独的,单个的,独立的
отка́з	故障
отключи́ть	断开,切断
относи́ться к кому́/чему́	属于,列入
отправле́ние	出发
отража́ться/отрази́ться	影响到;反映,反射
отча́сти	在某种程度上
оформле́ние	办理手续;形成,构成
оштукату́ренный	抹灰泥的

П

паралле́льный	平行的,同时的,并联的
пара́метр	参数
пассажи́р	乘客
пассажи́рская ста́нция	客运站
первосо́ртный	一级的,头等的,上好的
перево́зка	运输
перего́н	区间
перего́нный путь	区间路线
перегоро́дка	间壁,隔壁,隔墙;隔板,挡板
переда́ча	运送,装卸

передвиже́ние	移动,调动
перее́зд	道口
переключе́ние	转换
перекры́тие	楼板,楼盖,屋面
перемеще́ние	转移；移动
переполне́ние	溢出,上溢
перераба́тывающий	加工的
периоди́ческий	周期的，周期性的；定期的
ПЗУ（постоя́нное запомина́ющее устро́йство）	只读存储器
пита́ние	电源,供电
планиро́вка	平面布置图,布局,规划,设计
пласти́ческий	塑料的
пласти́ческое модели́рование	塑性模拟
пласти́чность	塑性,可塑性(阴)
пластма́сса	塑料
пло́ский	平面的
пло́скость	平面(阴)
площа́дка	工地,场地;台,平台
плюсово́й	正的;正数的;加的
по кра́йней ме́ре	至少
пове́рхность	表面,外面,表层(阴)
поврежде́ние	损坏,故障
повто́рный	重复的,二次的
повыша́ться/повы́ситься	提高,改善,增加
повыше́ние	提高,增加,上升
поглоща́ющий	吸收的
погру́зка	装载,装运
погру́зочно-вы́грузочный путь	装卸线
подва́л	地下室
подва́льный	地下室的
подвижно́й	灵活的,活动的
подгото́вка	培养,训练
подключе́ние	接通,接入,连接
подразделя́ть/подраздели́ть	分,分为,分成

подсóбный	次要的,辅助的
подхóд	方法
пóиск	寻找
покры́тие	涂层
положéние	论点;条例;章程,规章;规定
полуавтомати́ческая блокирóвка	半自动闭塞(装置)
полуавтомати́ческий	半自动的
пóлюс	电极
поми́мо чегó	除……之外,不顾,不经过
понизи́тельный	降压的
порт ввóда	输入端口
порт вы́вода	输出端口
послеавари́йный	事故后的
послéдовательность	次序;序列(阴)
посрéднический	中介的
посрéдством	用,借助于
пост	信号所,信号楼,(双线的)信号站
постáвка	交货
поставщи́к	供应商
постанóвка	提出
постоя́нный	固定的,永久的;不断的,经常的
построéние	结构,构造
потреби́тель	消费者(阳)
потреби́тельский	消费者的
потреблéние	消耗;消费
потрéбность	需要,需求(阴)
появлéние	出现
прáво	权利;法律
прáктика	实践,实习
практи́ческий	实践的,实际的
превышáть/превы́сить	超过,超出,突破
предвари́тельный	预先的,预备的,初步的
предéл	界限,限度,范围
предмéт	物体,实物;东西,物品;对象;科目,学科
предназначáть/предназнáчить	预订,指定,规定用于……

предназна́ченный	预定的，指定的；预定供……用的
предоставле́ние	提供
предполага́ть	假设
предприя́тие	企业
представле́ние	呈现；概念
представля́ть собо́й	是
предусма́тривать/предусмотре́ть	规定；预见到
предъявля́ться	提出
прекра́щение	终止，停止
преобразова́ние	变换，转换
преобразу́ющий	变换的
прерогати́ва	特权
прерыва́ние	中断，间断，中止
пре́ссовый	压力的，冲压的
прибо́р	仪器，仪表
привлече́ние	吸引
приём	接车，到车；接待，招待
приёмо-отпра́вочный путь	到发线
прикладно́й	实用的，应用的
приложе́ние	应用，使用
примене́ние	应用，采用
примыка́ние	连接，衔接
примыка́ть к чему́	紧挨，衔接，连接
принадлежа́ть	属于
приобрете́ние	获得
приспособле́ние	适应；装备，设备
приспособля́ть/приспосо́бить	使适合，当……用
прису́щий	固有的
прове́рка	检验，检测
прово́д	导线，引线
проводи́ться	举办
провозно́й	运输的
програ́мма	计划，规划；大纲，提纲
програ́ммно-управля́емый	程序控制的
програ́ммное сре́дство	软件

продолжи́тельность	持续时间;使用期限;持续性(阴)
проду́кция	产品
прожива́ние	住,居住
произво́дственно-технологи́ческий	生产工艺的
прокла́дка	铺设,安装
промежу́точная ста́нция	中间站
промежу́точный	中间的;间隔的;中介的
промы́шленный	工业的
пропеде́втика	基础知识
пропускно́й	承载的;通过的;通行的
просле́дование	通过; 驶往; 开出; 进入
простра́нство	空间;空地方,空处;容积
протека́ние	渗透,渗漏
противополо́жный	对面的;相反的,对立的
профессиона́льный	职业的,专业的
про́филь	专业,专长(阳)
проходно́й светофо́р	通行色灯信号机
процеду́ра	手续,程序
про́чий	其余的,其他的
прочностно́й	耐久性的,韧性的
про́чность	坚固性,强度(阴)
про́чный	坚固的,牢固的,结实的
пункт	点;项;条;站
путево́е разви́тие	配线
путево́й	线路的
путево́й пост	线路所
путь сле́дования	行进路线

Р

равнове́сие	平衡;镇静,镇定
разделе́ние	分离
разде́льный пункт	分界点
различа́ть/различи́ть	区分,辨别,识别
разме́р	大小,面积,规模

разме́рный	尺寸的,尺度的,有量度的
размеща́ться	分别安置在
размеще́ние	配置，配备；布置，分布；布局
размыка́ющий конта́кт	分段触头
разносторо́нний	多方面的
разомкну́ть	打开,断开
разрабо́тка	制定,拟定;分析,研究;加工,开采
разреша́ющий	允许的,许可的
разруше́ние	破坏,损坏
разъе́зд	会让站
располага́ть	拥有,掌握
располага́ть/располо́жи́ть	布置,安置;排列,摆列;坐落
распределе́ние	配电,配置,分配
распредели́тельный	分配的,配给的
рассма́тривать/рассмотре́ть	分析,研究;细看,观察
рассмотре́ние	研究,分析;审查
рассредота́чивать/рассредото́чить	分散,疏散
рассчи́тывать/рассчита́ть	指望,期望;考虑到;计算,核算
расформирова́ние	(列车)解体
расчленя́ть/расчлени́ть	划分,分成部分
рациона́льный	合理的
регули́рование	调节
регулиро́вка	调节,控制
режи́м	制度,规范;状态
ре́жущий	切削的
резе́рв	储备
резервуа́р	贮水池,蓄水库
ре́зкий	急剧的,突然的
реле́	继电器,替续器,继动器
реле́йный	继电器的,中继的
релье́ф	地形,地势,地貌
релье́фный	浮雕的
ремо́нт	修理,维修
ремо́нтный	修理的,检修的
ресу́рс	资源

роль	作用(阴)
рóспуск	分解,解体
рукоя́тка	把手,摇杆
рычáг	杠杆;摇臂;手柄

C

самостоя́тельный	独立的
сбыт	销售
сбытовóй	销售的
световóй	光学的
светофóр	交通信号灯
свóйство	性质,特性,性能
свя́занный с кем/чем	与……联系的
связь	连接(阴)
сгорáемый	燃烧的,可燃的
сельскохозя́йственный	农用的;农业的
семинáрский	课堂讨论的
сéрвисный	服务的
сигнáл	信号
сигнализáция	信号系统,信号
си́ла тя́жести	重力,引力
силовóй	力的,强力的
систематизи́рованный	系统化的
ситуáция	情况,形势,局势
сквознóй	直通的
склад	仓库, 储藏库, 库房, 存储场
складскóе хозя́йство	仓库管理
скрещéние	错车,会车;交叉点,岔道
скульптýра	雕塑
слýжба	服务,使用;工作,职务
смáзка	润滑,上油,涂抹;润滑油,涂料
смáзочный	润滑的,润滑油的
смéшанный	混合的
снабжéние	供应

СНиП（стро́ительные но́рмы и пра́вила）	建筑标准与规范
со́бственность	财产,所有物;所有制,所有权(阴)
со́бственный	私人的
совоку́пность	总和,组合,结合(阴)
согласова́ние	协调;一致关系
соде́йствовать	促进
содержа́ть	含有,包括;保持,保存
сокраще́ние	削减
соотве́тствие	相符合;一致
сопроводи́тельная документа́ция	随附文件
сопротивле́ние	阻抗,抵抗;阻力;强度
сопу́тствующий	伴随的
сортиро́вочная ста́нция	编组站
сортиро́вочный	编组的;分类的
сортиро́вочный парк	编组场
соста́в	列车
составля́ть/соста́вить	编写,制定;总计,共计
составля́ющий	部分,成分
составно́й	组成的
состоя́ние	状态
сохра́нность	完善保存; 完整无缺; 完好无损(阴)
сочета́ние	组合
специ́фика	特点,特性
спосо́бность	性能,能力(阴)
среда́	环境
сре́дство	资金,经费;资料;方法,手段
срок	期限;日期
ста́вить/поста́вить цель	设定目标
ста́дия	阶段
станда́рт	标准
станцио́нная систе́ма	车站系统
стена́	墙,墙壁
сте́пень	级,等级;程度(阴)
сто́имость	价值;价格,价钱(阴)

стратеги́ческий	战略性的
страте́гия	战略
стре́лка	道岔；指针
стре́лочный при́вод	道岔转辙机；道岔连接杆
структу́рный	结构的
стык	对接点
сфе́ра	领域
схе́ма	线路图,电路图
схемотехни́ческий	电路技术的
сход	脱离
счётный реги́стр	计数寄存器
сырьё	原料

T

та́ймер	计时器
так называ́емый	所谓的
таки́м о́бразом	因此
та́ктика	战术
та́ктовый сигна́л	时钟信号
телемеха́ника	遥控技术,远距离操纵装置
телемехани́ческий	遥控的,远动的
температу́ра	温度
теорети́ческий	理论的,理论上的
тепли́ца	温室
те́рмин	术语
те́сно	紧密地
те́хника	技术
техни́ческое обслу́живание	技术维护,技术保养
техни́ческое оснаще́ние	技术装备,硬件
техни́ческое сре́дство	技术设备
технологи́чность	工艺性,加工性(阴)
типово́й	标准的;示范的;典型的
ток	电流
то́чность	准确度,精度,准确性(阴)

трактова́ть	解释
трактова́ться	被认为;解释为
транзи́стор	晶体管
тра́нспортно-складско́й	运输储藏的,储运的
тре́ние	摩擦
тре́щина	裂缝,裂痕
трибосисте́ма	摩擦系统
триботехни́ческий	摩擦技术的,摩擦工艺的
труд	劳动
трудоёмкий	繁重的,费力的,需要大量劳动的
тылово́й конта́кт	后接点

У

увеличе́ние	增加
угро́за	威胁
удовлетворе́ние	满意
узлово́й	枢纽的;中心(站)的
уника́льный	独特的
упако́вка	包装
управле́ние	操纵,控制
управля́ющая програ́мма	控制程序; 监控程序
упрочне́ние	硬化;加强,强化
у́ровень	水平,程度;层,级(阳)
услу́га	服务
устана́вливаться/установи́ться	规定,制定;安装,安置
устано́вка	设置
усто́йчивость	稳定性,安定性(阴)
усто́йчивый	稳固的,稳定的,不摇晃的
устро́йство	(常用复数)装置;设备,机器,仪器
утяжелённый	重载的
участко́вая ста́нция	区段站
уча́сток	地段,地块

Ф

фа́ктор	因素
флаг	标志, 标识位
фо́рма	形状,外形,形式
формирова́ние	编组(列车)
формирова́ть	形成
формообразова́ние	成型,造型
фунда́мент	基础,地基,基座
фундамента́льный	基本的
функциона́льный	功能的,职能的
функциони́рование	功能作用,运转,运行
фу́нкция	功能

Х

характеризова́ться	特点是,特征是
характери́стика	特性
хране́ние	存储,保存

Ц

целенапра́вленный	有针对性的
целесообра́зно	合理地,适当地
целесообра́зность	合理性,适当性,适宜性(阴)
целесообра́зный	合理的,适当的
це́лостность	完整性(阴)
це́лостный	整体的
цель	目的(阴)
це́нность	价值(阴)
централиза́ция	(铁路中心站)道岔和信号控制系统
централизо́ванный	集中的,中央的
цепь	电路;链(阴)
цех	车间

цикл	周期，循环
цифрова́я информа́ция	数字信息
цо́кольный	底层的，基脚的，基座的

Ч

чертёж	图，图纸；平面图，设计图

Ш

шрифтово́й	字体的
штамп	锻模；压模，冲模
шум	噪音，噪声

Э

эвакуа́ция	疏散，撤离
эквивале́нт	等价物
эколо́гия	生态学
экономи́чески	经济上，在经济方面
экспеди́торский	发行的
эксперимента́льный	实验的，试验的
эксплуатацио́нный	使用的，操作的，运用的
эксплуата́ция	使用，操作，运行
экстерье́р	外形，外貌，外观
электрожезлово́й	电气路签的
электро́нное устро́йство	电子仪器
электрообору́дование	电气设备；电气装置
электропереда́ча	输电，送电
электропри́вод	电力驱动；电传动；电力传动（装置）
электроста́нция	发电站，发电厂
элеме́нт	元件，构件，部件
энергети́ческий	能源的，动力的
энергоснабже́ние	供电；电力供应
эски́зный	草图的，画稿的

эстети́ческий	美学的,审美的
эта́ж	层,楼层
эта́жность	层数,楼层(阴)
эта́п	阶段
ЭЦ (электри́ческая централиза́ция стре́лок и сигна́лов)	道岔及信号电集中装置

Я

ядро́	核心,中心

ПРИЛОЖЕ́НИЕ 1 机械设计制造及其自动化专业词汇

信号分析与处理

аддити́вность	叠加性(阴)
амплиту́дный спектр	振幅谱
ана́логовый сигна́л	模拟信号
апериоди́ческий сигна́л	非周期信号
бесконе́чный и́мпульсный о́тклик	无限脉冲响应
бигармони́ческая фу́нкция	双谐函数
ве́ктор	向量
веще́ственная часть	实部
веще́ственная часть ко́мплексного числа́	复数的实部
вы́борочный сигна́л	抽样信号
гармо́ника	谐波
двойно́й ряд Фурье́	双重傅里叶级数
дво́йственность	对偶性(阴)
деконволю́ция	反褶积
диапазо́н вре́мени	时域
дискре́тное преобразова́ние Фурье́	离散傅里叶变换
дискре́тный ряд Фурье́	离散傅里叶级数
дифференци́рование	微分,求微分
зна́ние	知识
зу́бья пилы́	锯齿
интегри́рование	积分,求积分
информа́ция	信息
квадрату́ра	正交
квантова́ние сигна́ла	信号量化
коне́чный и́мпульсный о́тклик	有限脉冲响应
коэффицие́нт Фурье́	傅里叶系数
лине́йная систе́ма	线性系统
ли́ния	谱线

мни́мая часть	虚部
мни́мая часть часто́тной характери́стики	频率特性虚部
мни́мая часть числа́	数的虚部
неопределённый интегра́л	不定积分
неравноме́рное квантова́ние сигна́ла свя́зи	非均匀信号量化
нечётная фу́нкция	奇函数
обозначе́ние	符号
одноро́дность	齐次性(阴)
определённый интегра́л	定积分
основна́я волна́	基波
основна́я частота́	基频
перестано́вка	排列
периоди́ческий сигна́л	周期信号
полнота́	完备
поря́док	序列
пра́вило фаз Ги́ббса	吉布斯相律
преобразова́ние ступе́нчатой фу́нкции	阶跃函数变换
приближе́ние	逼近
приёмник и́мпульсных сигна́лов	脉冲信号接收机
прямоуго́льная волна́	方波
прямоуго́льный и́мпульсный сигна́л	矩形脉冲信号
разложе́ние в ряд Фурье́	傅里叶级数展开式
ряд Фурье́	傅里叶级数
свёртка	卷积
сво́йство	性质
сигна́л	信号
сигна́л ограни́ченной дли́тельности	时限信号
скачо́к	阶跃
случа́йный сигна́л	随机信号
спектр терра́сы	阶地谱
спектра́льная пло́тность	频谱密度
спектра́льный ана́лиз	频谱分析
треуго́льник	三角形
тригонометри́ческая фу́нкция	三角函数
фа́зовый спектр	相位谱

фу́нкция	函数
цифрово́й сигна́л	数字信号
часто́тная о́бласть	频域
ширина́	带宽
экспоненциа́льный сигна́л	指数信号
явле́ние Ги́ббса	吉布斯现象

摩擦与润滑理论

адсорбцио́нный слой	吸附层
амортиза́ция	缓冲
антифрикцио́нный материа́л	减摩材料
безразме́рный пара́метр	无量纲参数
взаиморастворимость	互溶性(阴)
водосто́йкость	抗水性(阴)
волни́стость	波纹度(阴)
волокни́стая сма́зка	纤维润滑脂
га́зовая сма́зка	气体润滑
газоуде́рживающая спосо́бность	气体保持能力
гидродинами́ческая сма́зка	流体润滑
гидростати́ческая направля́ющая	静压导轨
грани́чная сма́зка	边界润滑
приближённое реше́ние Гру́бина	格鲁宾近似解
демпфи́рование	减振
диссипа́ция эне́ргии тре́ния	摩擦能耗散
жи́дкостный вариа́тор	液式无级变速器
загрязня́ющий слой	污染层
загусти́тель	稠化剂(阳)
зако́н тре́ния	摩擦定律
зубча́тая сма́зка	齿轮润滑
износосто́йкий материа́л	耐磨材料
кавитацио́нный изно́с	穴蚀
капилля́р	毛细管
комбини́рованная сма́зка	混合润滑
комбини́рованное ма́сло	合成油
консисте́нтная сма́зка	润滑脂

конта́ктная пло́щадь колле́ктора	集电极接触面积
коррозио́нный изно́с	腐蚀磨损
ле́нточный вариа́тор	带式无级变速器
лобово́й вариа́тор	正面无级变速器
магнитострикцио́нный эффе́кт	磁致伸缩效应
мазо́к	涂抹
маслораспредели́тельная спосо́бность	分油性
ма́сляное кольцо́	油环
материа́льный пара́метр	材料参数
механи́ческое зацепле́ние	机械啮合作用
механи́ческое сво́йство	机械性质
многосло́йная адсорбцио́нная плёнка	多层吸附膜
му́фта с шарово́м шарни́ром	球铰链联轴器
му́фта соедини́тельная	联轴器
мы́льная сма́зка	皂基润滑脂
нагру́зочный пара́метр	载荷因数
надёжность аппарату́ры	设备可靠性
неомыля́ющееся вещество́	非皂化物
несу́щая спосо́бность	承载能力
неуглеводоро́дный компоне́нт	非烃类组分
нефтяна́я ва́нна	原油槽
низкозамерза́ющая сма́зка	低冰点润滑脂
норма́льный изно́с	正常磨损
однослóйная адсорбцио́нная плёнка	单层吸附膜
окисли́тельное поврежде́ние	氧化磨损
омыле́ние	皂化作用
отка́з, вы́званный изна́шиванием	磨损失效
относи́тельная толщина́ ло́пасти	叶厚比
относи́тельная толщина́ подво́дного крыла́	翼厚比
отноше́ние высоты́ к толщине́	高厚比
пара́метр ско́рости	速度参数
пласти́чная сма́зка	塑性润滑脂
пло́щадь конта́кта сто́ка	漏极接触面积
пло́щадь соприкаса́ния	接触面积
пове́рхностная те́хника	表面技术

по́ле электри́ческого дипо́ля	电偶极子场
полиме́рная сма́зка	聚合物基润滑脂
полужи́дкая сма́зка	半流体润滑脂
постоя́нная сма́зка	永久润滑脂
пресс для консисте́нтой сма́зки	润滑脂压入机
прессэффе́кт	挤压效应
прилипа́ние	粘着
приса́дка	添加剂
прокле́ивание	胶合
простра́нственный эффе́кт	空间效应
противозади́рное ма́сло	极压润滑油
противоокисли́тельная приса́дка	抗氧化添加剂
профилакти́ческая сма́зка	预防性润滑
проце́сс вплавле́ния	合金工艺
проце́сс изно́са	磨损过程
проце́сс обрабо́тки пове́рхности	表面处理过程
про́чность на истира́ние	抗磨
расхо́д сма́зки	机油消耗
себесто́имость	成本(阴)
силико́новое ма́сло	硅油
систе́ма надду́ва при постоя́нном давле́нии га́зов пе́ред турби́ной	定压增压系统
сифо́нная труба́	虹吸管
сма́зка	润滑剂
сма́зка с по́лными поте́рями	全损耗润滑油
сма́зочная среда́	润滑介质
сме́шанное тре́ние	混合摩擦
среда́	介质;环境
срок слу́жбы	使用寿命
сте́пень изно́са	磨损率
сухо́е тре́ние	干摩擦
схва́тывание	粘着磨损
твёрдая сма́зка	固体润滑剂
твёрдость материа́ла	材料硬度
тео́рия молекуля́рного притяже́ния	分子吸引理论

терми́ческое искаже́ние	热变形
толстоплёночная те́хника	厚膜技术
топливоподаю́щая систе́ма аккумули́рующего ти́па	蓄压式供油系统
торцево́й вариа́тор	端部无级变速器
углеводоро́ды	烃类
уде́рживающая спосо́бность	保持能力
уравне́ние теплопрово́дности	热传导方程
физи́ческая адсо́рбция	物理吸附
фре́ттинг	微动磨损
фрикцио́нный материа́л	摩擦材料
хара́ктер пове́рхности	表面性质
хемосо́рбция	化学吸附
хими́ческая акти́вность	化学活性
хими́ческая реа́кция	化学反应
цара́пина	擦伤
централизо́ванная систе́ма сма́зки	集中润滑系统
циркуляцио́нная сма́зка	循环润滑
электромагни́тная си́ла	电磁力
электрострикцио́нный эффе́кт	电致伸缩效应
эфи́рное ма́сло	精油
эффе́кт переме́нной пло́тности	变密度效应
эффе́кт растяже́ния	延伸效应

机械振动与噪声

акусти́ческая мо́щность	声功率
акусти́ческий импеда́нс	声阻抗
акусти́ческий поглоти́тель	吸声装置
антизвуково́й глуши́тель	抗性消声器
апериоди́ческая демпфиро́вка	非周期阻尼
глуши́тель	消声器(阳)
глуши́тель ди́зелей	柴油机消声器
гро́мкость	响度(阴)
действи́тельная частота́	实际频率
затуха́ние звуково́го излуче́ния	声辐射阻尼

звукова́я волна́ 声波
звуконепроница́емая констру́кция 隔声结构
изги́бная жёсткость 弯曲刚度
изоля́ция колеба́ния 隔振
интенси́вность исто́чника 声源强度
колеба́ние 振动
компенсацио́нный фильтр 补偿滤波器
конструкти́вный разъём 结构结合面
коэффицие́нт затуха́ния 阻尼系数
коэффицие́нт звукопоглоще́ния 吸声系数
коэффицие́нт перено́са ма́ссы из га́зовой фа́зы 气相质量传递系数
коэффицие́нт превраще́ния эне́ргии 能量转换系数
коэффицие́нт рефле́ксии 反射系数
коэффицие́нт шу́ма на фикси́рованной частоте́ 定频噪声系数
лине́йный исто́чник зву́ка 线声源
ме́тод свобо́дного затуха́ния 自由衰减法
ме́тод стоя́чей волны́ 驻波法
микрофо́н оши́бок 误差传声器
мни́мый исто́чник зву́ка 假想声源
многокана́льная систе́ма ана́лиза шу́мов 多通道噪声分析系统
молекуля́рный возду́шный насо́с 分子空气泵
настро́енный де́мпфер 调谐阻尼器
обесшу́мливание 噪声控制
па́дающая волна́ 入射波
па́мять стоя́чих волн 驻波存储器
пло́ская звукова́я волна́ 平面声波
пло́тность звуково́й эне́ргии 声能密度
полуволново́й симметри́чный вибра́тор 半波偶极子
поляриза́ция па́дающей приходя́щей волны́ 入射波极化
поля́рный по́яс из дипо́лей 偶极子极带
приведённая частота́ 折算频率
при́нцип суперпози́ции 叠加原理
прое́кция 投射
противофа́зный дипо́ль 反相偶极子
про́чность на уда́р 抗冲击强度

регули́рование с опереже́нием	前馈控制
рефле́кс	反射
си́ла зву́ка	声强
си́ла звуково́го исто́чника	声源强度
систе́ма подавле́ния шу́мов	噪声控制系统
систе́ма шумово́й диагно́стики	噪声诊断系统
составна́я ба́лка	组合梁
спектра́льное разложе́ние	频谱分析
сфери́ческая звукова́я волна́	球面声波
температу́ра шу́мов систе́мы	系统噪声温度
управле́ние обра́тной свя́зи	反馈控制
уравне́ние Лагра́нжа	拉格朗日方程
у́ровень гро́мкости	响度级
у́ровень звуково́го давле́ния	声压级
у́ровень звуково́й волны́	声强级
фронт волны́	波阵面
цилиндри́ческая звукова́я волна́	柱面声波
часто́тно-следя́щая сниже́ния шу́ма	降低噪声系统
шум	噪声
шум от систе́мы увеличе́ния подъёмной си́лы	增升系统噪声
шумова́я систе́ма	噪声系统
эквивале́нтная ма́сса	等效质量

机械制造技术

агрега́тный стано́к	组合机床
амортизацио́нное кольцо́	减振环
ба́зис	基准
ва́лик	小轴
вспомога́тельная сто́йка	辅助支承
вспомога́тельное вре́мя	辅助时间
группово́е приспособле́ние	组合夹具
загото́вка	毛坯
зажима́ние	夹紧
закреплённая опо́рка	固定支承
замыка́ющее кольцо́	封闭环

компенси́рованная ра́мка	补偿环
компенси́рующее ре́зание	切削阻力
констру́кторская ба́за	设计基准
кремалье́рный винт	调节螺钉
крепле́ние	支架
металлографи́ческая структу́ра	金相组织
навя́занное колеба́ние	强迫振动
направле́ние воло́кон	纤维方向
но́рма вре́мени	时间定额
опера́ция	工序
поворо́тный стол	转台
пода́ча	走刀
позициони́рование	定位
пози́ция	工位
поршнево́й па́лец	活塞销
прижи́мная плита́	压板
при́пуск на обрабо́тку	加工余量
пульт управле́ния	控制台
регули́руемая опо́ра	可调支承
рубе́ц	伤痕
самовозбужда́ющееся колеба́ние	自激振动
самонесу́щая стена́	自位支承
сверли́льное приспособле́ние	钻床夹具
составля́ющее звено́	组成链环
ста́пель расто́чного станка́	镗床夹具
ста́пель фре́зерного станка́	铣床夹具
температу́ра превраще́ния	相变温度
технологи́ческая ба́за	工艺基准
тока́рное приспособле́ние	车床夹具
тя́говый брус	拉杆
уси́лие зажи́ма	夹紧力
устано́вочный штифт	定位销
ша́рик	滚珠
шпи́ндельная коро́бка	主轴箱

UG 三维设计

абсолю́тная систе́ма координа́т	绝对坐标系
бобы́шка	凸台
бу́лева/бу́левская опера́ция	布尔运算
вид	视图
винтова́я резьба́	螺纹
втори́чно приводи́ть в поря́док	重排序
выраже́ние	表达式
вы́рыв	局部剖视
вы́тяжка моде́ли	拔模
га́лтель	圆角(阳)
геометри́ческая связь	几何约束
гипе́рбола	双曲线
дво́йственная логи́ческая опера́ция	对偶逻辑运算
дуга́ окру́жности	圆弧
ингиби́рование	抑制
исхо́дная ось	基准轴
комменти́рование	注释
компоне́нт	组件
ко́нус	圆锥
копи́ровать	克隆
многоуго́льник	多边形
монта́ж	装配
мото́рно-осево́й подши́пник	电动机托轴轴承
мяч	球
набро́сок	草图
окру́жность	圆(阴)
омета́ние	扫描
опозна́к	控制点
ору́дие	工具
осо́бенность прое́кта	设计特征
отве́рстие	孔
пара́бола	抛物线
пере́дний план	前视图

повора́чивание	回转
подши́пник оси́ кача́ния	摇摆轴轴承
по́лость	腔(阴)
припасо́вывание	拟合
пряма́я ли́ния	直线
прямоуго́льник	矩形
прямоуго́льный параллелепи́пед	长方体
рабо́чая систе́ма координа́т	施工坐标系
растяже́ние	拉伸
сече́ние	截面
систе́ма опо́рных координа́т	基准坐标系
скле́йка	胶合
спира́ль	螺旋线(阴)
спла́йпа	样条
стре́нер	过滤器
строка́ состоя́ния	状态栏
суха́рь	垫块(阳)
табли́ца бу́левой опера́ции	布尔运算表
текст	文本
толщина́	厚度
то́чечное мно́жество	点集
то́чка	点
то́чка пересече́ния	交点
фацети́рование	倒斜角
центрова́я окру́жность болто́в	螺栓节圆
цили́ндр	圆柱体
шпо́ночный паз	键槽

模具设计

ве́рхний блок	上模
выпускна́я вы́точка	排气槽
изготовле́ние фо́рмы	开模
кра́сящее вещество́	着色剂
лите́йный ко́нус	起模斜度
лите́йный укло́н моде́ли	拔模斜度

ли́тник	浇口
ли́тниковая систе́ма	浇注系统
маши́на для формова́ния изде́лий разду́вом	吹塑成型机
направля́ющая	导套
направля́ющая коло́нна	导柱
ни́жний блок	下模
пла́нка толка́теля	推板
пластифика́тор	增塑剂
пластифици́рование	塑化
пове́рхность разъёма фо́рмы	分型面
подкана́л	分流道
подкрепля́ющее ребро́	加强筋
полиами́д	聚酰胺
полистиро́л	聚苯乙烯
полихлорвини́л	聚氯乙烯
полиэтиле́н	聚乙烯
синтети́ческая смола́	合成树脂
термопласти́чная пластма́сса	热塑性塑料
термореакти́вная пластма́сса	热固性塑料
течь обра́тно	倒流
флегматиза́тор	稳定剂

C#语言程序设计

абстра́ктный	抽象的
автомати́ческий о́тклик	自动响应
ада́птер	适配器
активиза́ция	激活
акти́вный стол	活动桌面
алфави́тная строка́	字符串
анима́ция	动画制作
архива́ция да́нных	数据备份
атрибу́т	属性
а́удио- и видеокли́пы	音像剪辑
аудиопле́ер	音频播放器
ба́за да́нных	数据库

ба́зовый диск	基本磁盘
ба́зовый том	基本卷
байт	字节
бала́нс нагру́зки	负载平衡
бит/двои́чная ци́фра	二进制数位
блокно́т	记事本
брандма́уэр	防火墙
бу́фер	缓冲器
бы́страя кла́виша	快捷键
вво́дное устро́йство	输入设备
веб-са́йт	网站
верну́ться обра́тно	返回
вертика́льная полоса́ прокру́тки	垂直滚动条
ве́рхний и́ндекс	上标
ветвь	分支(阴)
взло́мщик	破密程序
видеоада́птер	视频适配器
видеока́рта	显卡
виртуа́льная па́мять	虚拟内存
виртуа́льная ча́стная сеть	虚拟专用网络
вкла́дка	选项卡
включа́тель	开关(阳)
внедрённый объе́кт	内嵌对象
возвра́т	返回
восстановле́ние систе́мы	系统还原
восьмери́чный	八进制的
временно́й интерва́л	时间间隔
вы́бор	选定
высота́	高度
веб-ма́стер	网站管理员
гигаба́йт	十亿字节
гиперссы́лка	超链接
гиперте́кстовый	超文本的
гла́вное меню́	主菜单
гла́вный се́рвер	主服务器

глоба́льная переме́нная	全局变量
горизонта́льная полоса́ прокру́тки	水平滚动条
гостева́я кни́га	留言簿
грани́ца и зали́вка	边框和底纹
гра́фика	字体
графи́ческий интерфе́йс	图形界面
двойно́й щелчо́к	双击
диало́говое окно́	对话框
директо́рия	目录
диске́та/фло́ппи-диск	软盘
дисково́д для компа́кт-ди́сков	光驱
диспе́тчер зада́ч	任务管理器
дистанцио́нный до́ступ	远程访问
дли́нное це́лое	长整型
дно	底部
добавля́ть в закла́дки	加入书签
добавля́ть в и́збранное	加入收藏夹
докуме́нт/файл то́лько для чте́ния	只读文件
доме́нное и́мя	域名
доска́ объявле́ний	电子布告栏系统
дра́йвер и ути́лита для разго́на	驱动程序与加速工具
едини́чная строка́	单字符串
желе́зная компоно́вка	硬件配置
желе́зный магази́н	硬件商店
желе́зный фо́рум	硬件论坛
желе́зный разго́н/разго́н желе́за	硬件加速
жёсткий диск	硬盘
жидкокристалли́ческий монито́р	液晶显示器
заголо́вок	标题
закла́дка	书签
за́пуск	启动
звукова́я ка́рта	声卡
избы́точность	冗余(阴)
измени́ть запро́с	编辑查询
и́мпортный компью́тер	进口计算机

и́мя переме́нной 变量名
и́мя по́льзователя 用户名
индекси́рование 索引
инициализа́ция 初始化
инструмента́льное хозя́йство 工具管理
интерне́т 互联网
исполня́емый файл 可执行文件
исхо́дник/исхо́дный текст програ́ммы 源程序
ка́рта расшире́ния 扩展卡
килоба́йт 千字节
клавиату́ра 键盘
кла́виша 键
кла́виша обра́тного хо́да каре́тки 回车键
кла́виша устано́вки 单选按钮
кно́пка 按钮
кно́пка сбро́са 复位键
ко́врик для мы́шки 鼠标垫
кодиро́вка 编码
коли́чество посеще́ний 访问次数
кома́ндная строка́ 命令提示符
компа́кт-диск то́лько для чте́ния 只读光盘
компью́тер 计算机
компью́тер оте́чественного произво́дства 国产计算机
констру́кция веб-са́йта 网站设计
конте́кстное меню́ 快捷菜单
коро́ткое це́лое 短整型
корзи́на 回收站
ко́рпус 机箱
ле́вая часть 左部
лине́йка 标尺
ло́жный 假的
лока́льная переме́нная 局部变量
лока́льная сеть 局域网
максима́льное значе́ние 最大值
манипуля́тор с програ́ммным управле́нием 程序控制操纵器

маршрутиза́тор	路由器
ма́ска а́дреса	地址掩码
ма́ска подсе́ти	子网掩码
ма́ска схо́жести	关联掩码
матери́нская пла́та	主板
мегаба́йт	兆字节
межсетево́й а́дрес/веб-а́дрес	网址
меню́ “Пуск”	开始菜单
меню́ “Сервис”	工具菜单
меню́ “Файл”	文件菜单
меня́ть ряд	换行
ме́сто вста́вки	插入点
минима́льное значе́ние	最小值
моде́м	调制解调器
мо́дуль	模块(阳)
монито́р	显示器
мост	网桥
мы́шка	鼠标
на гла́вную страни́цу	返回首页
набо́р да́нных	数据集
накле́йка/сти́кер	粘贴
насто́льный компью́тер	台式计算机
настоя́щий	当前的
ниспада́ющее меню́	下拉式菜单
но́мер строки́	行数
ноутбу́к	笔记本计算机
о́бласть просмо́тра	视图区
обме́н рекла́мой	广告交换
обо́и	壁纸
обще́ственный	公有的
объедине́ние	合并
объявля́ть переме́нную	声明变量
обы́чный архива́тор	文件管理员
окно́	视窗,窗口
операти́вная па́мять	内存储器

откры́тие	打开
отме́на	取消
отписа́ться от рассы́лки	取消预订邮件
пане́ль зада́ч	任务栏
паралле́льный порт	并行端口
пара́метр	参数
патч к програ́мме	补丁,补丁程序
перезагру́зка	热启动；重启
переме́нная	变量
переме́нная ци́кла	循环变量
перета́скивание	拖动
персона́льный сайт	个人站点
пи́шущий дисково́д/ реза́к	刻录机
плаги́н	插件
пло́ский(о монито́ре)	纯平的(指显示器)
плаву́щая то́чка	浮点
подде́ржка дока́чки	支持断点续传
по́длинный	真的
подмно́жество	子集
подписа́ться на рассы́лку са́йта	预订网站邮件
подпрогра́мма	子程序
подразде́л	子项
полоса́ загру́зки	进度条
полоса́ отсле́живания	跟踪条
по́льзователь	用户(阳)
почто́вая рассы́лка	电邮群发
почто́вый се́рвис	邮件服务
пра́вая часть	右部
пра́вка	编辑
представле́ние с учётом поря́дков	浮点制数表示法
преобразова́ние	转换
прикладно́й перекодиро́вщик	实用编码工具
приложе́ние	附件
примеча́ние	标志
прове́рка по́чты	检查邮件

програ́мма для вычисле́ний в систе́ме с пла́вающей запято́й	浮点计算程序
програ́мма те́кстовой реда́кции	文本编辑程序
программи́рование	程序设计；编程
программи́рование с пла́вающей запято́й	浮点程序设计
программи́рованная обрабо́тка те́кста	程序控制文本处理
программи́рованный алгори́тм	程序控制算法
программи́руемый та́ймер	程序控制计时器
програ́ммная ма́ска	程序掩码
програ́ммное обеспе́чение	软件
програ́ммно-управля́емая вычисли́тельная маши́на	程序控制计算机
програ́ммный да́тчик	程序控制发送器
продолже́ние	继续
просма́тривать, добавля́ть и удаля́ть фа́йлы	浏览、增加和删除文件
просмо́тр докуме́нтов	文件访问
протоко́л переда́чи фа́йла	文件传输协议
псевдони́м	昵称
путеводи́тель(по са́йту)	指南(阳)
рабо́чая ста́нция	工作站
разби́вка фа́йла на ча́сти при ска́чивании	将文件分段下载
разго́н	加速
разго́н видеока́рт	图形加速
разреше́ние	分辨率
раскла́дка	输入法
распако́вка	解包,压缩文件解压
реда́ктор	编辑器
рекла́ма на са́йте	网络广告
сво́йство	属性
сво́йство табли́цы	表格属性
се́рвер	服务器
сетево́е обору́дование	网络设备
сеть для всего́	广域网
сжа́тие	压缩
ска́нер	扫描仪

скачáть	下载
скры́тый файл	隐藏文件
смéна ря́да	换行
собы́тие	事件
собы́тие по тáймеру	定时器事件
создавáть	新建
сортирóвка	排序
сохраня́ть докумéнт	保存文件
спи́сок рассы́лки пóчты	邮件列表
срабáтывание систéмы	系统启动
срáвнивать вéрсии	比较文档
стандáртная ширинá	标准列宽
стáнция передáчи	传输站
стати́ческий	静态的
стоп	停止
строкá дáнных	数据行
строкá заголóвка	标题栏
строкá состоя́ния	状态栏
строкá фóрмул	编辑栏
стрóковая перемéнная	字符串变量
стыкóвка	插接
табли́ца	表格
табли́ца подстанóвки	模拟运算表
текýщая строкá	当前行
терминáльный сéрвер	终端服务器
терминáтор	端子
тест и обзóр свéжего желéза	新硬件测评
тип	类
топ	顶部
трёхмéрная грáфика	三维图形
устрóйство звуковóго ввóда	音频输入设备
файл-мéнеджер	文件管理器
файл определённого формáта	指定格式的文件
файл пóмощи	帮助文件
файл систéмы	系统文件

фа́йловая систе́ма	文件系统
факс-слу́жба	传真服务
флажо́к/чекбо́кс	复选框
фон	背景
фон для рабо́чего стола́	工作桌面背景
фо́новое изображе́ние	背景图像
фо́новый цвет	背景色
фу́нкция	函数
ха́кер	黑客
хост	主机
храни́тель экра́на	屏幕保护
целочи́сленная переме́нная	整型变量
циркули́ровать	循环
цифрова́я фотографи́ческая откры́тка	数字贺卡
ча́стный	私有的
шабло́н и надстро́йка	模板和加载项
шлюз	网关
щёлкать два ра́за	双击
щелчо́к	单击
экра́н/скрин	屏幕
электро́нный слова́рь	电子词典
электро́нный я́щик	电子信箱
элеме́нт управле́ния	控件
язы́к программи́рования	编程语言

画法几何及机械制图

аксонометри́ческая прямоуго́льная прое́кция	正轴测投影
бок	侧面
боково́й вид	侧视图
вид све́рху	俯视图
вид сле́ва	左视图
волни́стая черта́	波浪线
геометри́ческий объе́кт	几何体
гла́вный вид	主视图
глубина́	深度

горизонта́льная пове́рхность	水平面
дета́льный чертёж	零件图
жи́рная ли́ния	粗实线
за́дний вид	后视图
картосостави́тельный прибо́р	制图仪器
комбина́ция	组合体
ко́нусность	锥度(阴)
ли́ния прое́кции	投影线
лока́льный вид	局部视图
ме́стное усиле́ние	局部放大
нало́женное сече́ние	重合截面
норма́льная дета́ль	标准件
объёмно-плани́ро́вочная структу́ра	立体平面结构
ортографи́ческая прое́кция	正投影
осева́я гологра́мма	轴上全息图
осева́я гра́фика	轴测定图
по́лный разре́з	全剖视图
полусече́ние	半剖面图
проекти́вная пло́скость	投影面
прое́ктное изображе́ние	投影图
развёртка	铰孔
резьбова́я фреза́	螺纹铣刀
сбо́рочный чертёж	装配图
сече́ние выведе́ния	移出截面
сече́ние выведе́ния из гру́ппы	能群移出截面
стереогра́мма	轴测图
то́нкая сплошна́я ли́ния	细实线
фаса́д	正面
чертёж в косоуго́льной прое́кции	斜视图
чертёж в трёх прое́кциях	三视图

ПРИЛОЖÉНИЕ 2 轨道交通信号控制专业词汇

运输安全

авторизáция	授权
безопáсность	安全(阴)
видеочастóтное течéние	视频流
вложéние	嵌套
вмешáтельство	干扰
вмéшиваться	干预
высокочувствúтельный/тóнкий	灵敏的
заграждéние	障碍物
захвáтчик	入侵者
защúта	屏障
защищáть	防护
интеллектуáльный	智能的
информациóнная систéма обеспéчения противоаварúйных мероприя́тий	应急响应信息系统
инфраструктýра	基础设备
кибербезопáсность	网络安全(阴)
магнетúзм	磁性
мáтрица	型模
модéль нарушúтеля	入侵者模型
монитóр	监视器
нарушéние	违反
находя́щийся под напряжéнием	带电的
незакóнный	非法的
носúтель	载体(阳)
обеспéчение противоаварúйных дéйствий	应急响应设施
объéкт	对象,客体
объéкт трáнспортной инфраструктýры	运输基础设施
ограждéние	安全装置

опозна́ние	识别
определи́тель	测定器(阳)
опти́ческий	光学的
осма́тривать	验证
оснаща́ть	(用技术)装备
отклика́ться	响应
охраня́ть	保护
оце́нивать	评估
перепи́сываться	互相通信
положе́ние	位置
проверя́ть	检查
разреше́ние	许可;批准
райо́н	区域
риск	风险
рубе́ж	边界
све́дение	情报
сигнализи́рующий	发信号的
символи́ческие де́ньги	代币
скры́тый	潜在的
сме́ртность	死亡率(阴)
собы́тие	事件
спосо́бность	能力(阴)
счи́тыватель	读出器(阳)
счи́тыватель зна́ков	标记读出器
счи́тыватель с бума́жной ле́нты	纸带读出器
счи́тывать показа́ние	计取读数
счи́тывать положи́тельным входны́м и отрица́тельным выходны́м сигна́лами	正输入负输出信号读出
телохрани́тель/охра́нник	保卫员(阳)
те́хника	技术
тра́нспорт	运输
тра́нспортное сре́дство	运输工具
трево́га	警报
угро́за	威胁
уще́рб	损失

уязви́мость	(安全)漏洞(阴)
уязви́мость систе́мы управле́ния	操纵系统易损性
чип	芯片
шлагба́ум	拦路杆

自动控制理论(1)

адапта́ция	自适应
акти́вный четырёхпо́люсник	有源四端网络
аргуме́нт	幅角
децибе́л	分贝
диагра́мма перемеще́ний	位移图解
дискре́тный	不连续的
запа́здывание	滞后
и́мпульс	脉冲
интегра́льная теоре́ма	积分定理
интегра́льная теоре́ма Коши́	柯西积分定理
интегра́льная теоре́ма Сто́кса	斯托克斯积分定理
компара́тор	比较器
компле́ксное число́	复数
корректи́ровать	校正
лине́йность	线性(阴)
логарифми́ческая амплиту́дно-часто́тная характери́стика	对数幅频特性
логарифми́ческая фа́зово-часто́тная характери́стика	对数相频特性
логарифми́ческая часто́тная характери́стика	对数频率特性
моде́ль	模型(阴)
непреры́вный	连续的, 不间断的
низкочасто́тная часть	低频
нуль	零点(阳)
обра́тный	反向的
одноро́дность	齐次性(阴)
основна́я тео́рия	基础理论
отрица́тельная обра́тная связь (ООС)	负反馈
пасси́вный четырёхпо́люсник	无源四端网络

перви́чная фу́нкция	原函数
передава́ть	传达,传递
переда́ча	传递
подо́бие	相似性
положи́тельная обра́тная связь（ПОС）	正反馈
положи́тельное смеще́ние	正向位移
по́люс	极点
попере́чное смеще́ние	横向位移
пото́к смеще́ния	位移通量
преде́льная интегра́льная теоре́ма	积分极限定理
преобразова́ние Лапла́са	拉普拉斯变换
продифференци́рованный и́мпульс	微分脉冲
продо́льное перемеще́ние	纵向位移
проекти́вно-дифференциа́льная геоме́трия	射影微分几何学
пропорциона́льный, интегра́льный и дифференциа́льный зако́н	比例积分微分规律
противополо́жная теоре́ма	逆定理
прямо́й	正向的
расстро́йка	失调
регули́ровать	调节
сво́йство	特性,性质
систе́ма автомати́ческого управле́ния（САУ）	自动控制系统
сле́довать	跟踪
стабилизи́роваться	稳定下来
теоре́ма дифференци́рования	微分定理
теоре́ма интегра́ла Га́усса	高斯积分定理
теоре́ма о коне́чном значе́нии	终值定理
теоре́ма о нача́льном значе́нии	初值定理
теоре́ма о сре́днем значе́нии	中值定理
теоре́ма Безу́	贝祖定理
торможе́ние	阻尼
уравне́ние	方程
усто́йчивость	稳定性(阴)
фу́нкция	函数
экстре́мум	极值

微处理器信息管理系统

арифмети́ческий	算术的
больша́я интегра́льная схе́ма	大规模集成电路
выполне́ние	执行
вычисле́ние	计算
допуска́емая оши́бка	容错
информати́вность	信息量(阴)
логи́ческий	逻辑的
микропроце́ссор	微处理器
микросхе́ма	微电路
нагру́зка	负载
накопле́ние	存储
не тре́бующий ремо́нта	免维护
обеспе́чение	保证
операти́вное запомина́ющее устро́йство	运算存储器
опера́ция	运算
ориенти́рованный	定向的
перехо́д	转换
полупроводни́к	半导体
постоя́нная па́мять с электри́чески меня́емой информа́цией	电可改写只读存储器
постоя́нное запомина́ющее устро́йство	只读存储器
расшире́ние	扩展
семафо́р	信号量
сетево́й фильтр	电源滤波器
состоя́ние	状态
устро́йство постоя́нной па́мяти	永久存储器
характери́стика	特征
электри́чески программи́руемое постоя́нное запомина́ющее устро́йство	可编程序只读存储器
электро́нная вычисли́тельная маши́на	电子计算机
элеме́нт	元件

铁路自动化与远程控制的户外设备(1)

автоблокиро́вка	自动闭塞,自动联锁
автомати́ческий перево́д	自动转换
автоно́мная тя́га	自供动能牵引
антимагни́тный штифт	防磁销钉
батаре́я	电池
бди́тельная систе́ма	报警系统
безопа́сность движе́ния	运行安全
блокиро́вка	闭塞
ве́рхнее строе́ние	上层结构
возду́шный зазо́р	气隙
воспроизведе́ние сигна́ла	信号显示
враща́ющийся трансформа́тор	旋转变压器
враще́ние	转动
выпрями́тель	整流器(阳)
высоково́льтная ли́ния	高压线
да́тчик	传感器
да́тчик положе́ния ро́тора в электродви́гателе	转子位置传感器
дви́гатель	发动机, 电动机(阳)
деж́урный стре́лочного перево́да (ДСП)	(铁路)道岔值班员
ди́зель-генера́торный агрега́т (ДГА)	柴油发电机装置
запира́ние	锁闭
изоли́рованный	单独的
интерва́льное регули́рование	间隔调节
ка́бель электри́ческой централиза́ции стре́лок и сигна́лов	道岔及信号电气集中用电缆
колёсная па́ра	轮对
кольцево́й возду́шный зазо́р	环形气隙
кома́ндование	指挥
компоне́нт	组件
контро́льное устро́йство	控制装置
контрре́льс	护轨
крестови́на	辙岔
крива́я крутя́щего моме́нта	转矩曲线

крива́я, напра́вленная в одну́ сто́рону	同向曲线
крива́я ра́вных напряже́ний	等压曲线
крива́я разгру́зочная	卸料曲轨
крива́я, напра́вленная в ра́зные сто́роны	异向曲线
крыла́тый путь	翼轨
ли́ния электропереда́чи (ЛЭП)	输电线路
магни́тный пото́к	磁通量
маши́на для автомати́ческого сообще́ния в поли́цию	自动报警器
минера́льное удобре́ние	矿物肥料
миниа́льный допусти́мый интерва́л	最小允许间隔
миниа́льный интерва́л	最小间隔
миниа́льный интерва́л эшелони́рования	高度层次最小间隔
моме́нт	力矩
нару́жный	户外的
неиспра́вность	故障(阴)
нейтра́льное реле́	中性继电器
нейтра́льный	中性的
неполяризо́ванное реле́	无极继电器
обмо́тка	线圈
обнаруже́ние	探测
обслу́живание	维护
о́бщий конта́кт	共用触点
опти́ческое запомина́ющее устро́йство с электри́ческой развя́зкой	电隔离光存储器
относи́тельный возду́шный зазо́р	相对气隙
отпада́ние	释放
пальцево́й конта́кт	指形触点
переводи́ть обра́тно	调回
переводно́й механи́зм	转辙机
перегру́зка	过载
переключе́ние	换路
перекрёстный набо́р	交叉构架
перекрёстный съезд	交叉渡线
перемеще́ние	移动

перепýтывание	缠绕
пересечéние	横穿,交叉点
перехóд	过渡
перó стрéлки	尖轨
петлевóй съезд	回返渡线
плáвкий предохранúтель	可熔保险丝
платиноконтáктный сплав	铂触点合金
пневматúческий	气动的
подвижнóй состáв	机车车辆
подвúжный сердéчник крестовúны	活动辙叉
полуавтоматúческая блокирóвка（ПАБ）	半自动闭塞装置
порядок освещéния стрéлок	道岔照明办法
пошёрстная стрéлка	顺向道岔
прáвый стрéлочный перевóд	右开道岔
прибóр для запóра стрéлок	道岔加锁装置
приводнóй стрéлочный замóк	道岔转换锁
прóволочный контáкт	金属丝触点
прокáтный двúгатель	轧机电动机
промежýточное релé	中间继电器
пропускнáя спосóбность	通过能力
противопожáрная автомáтика	消防自动装置
пускáть в ход	起动
пусковóе поляризóванное релé	有极起动继电器
путевóй ящик	电缆接线盒
радиотелегрáфный автоалáрм	无线电自动报警器
размéр блóка	闭塞区段长度
разряжéние	放电
рáмный рельс	道岔基本轨
расхождéние	分岔
реверсúвность	可逆性(阴)
регулúруемый воздýшный зазóр	可调气隙
резéрвное питáние	备用电源
рéльсовый соединúтель	钢轨连接线
ручнóй контрóль	手动控制
самоотключáться	自动断路

серде́чник	岔心
систе́ма электропита́ния	电源系统
скоростно́й режи́м	高速状态
случа́йный переры́в электроснабже́ния	电源意外中断
совмеще́ние	重合
соедине́ние	连接
соедини́тельная коро́бка	接线箱
соедини́тельный путь	连接线路
стре́лочная у́лица	岔区
стре́лочный съезд	转辙点
счётный пункт	计数点
телеуправле́ние	遥控
техноло́гия	操作技术
тормозно́й экра́н	制动挡板
трансбо́рдер	移车台
трансля́тор	转换器
тылово́й конта́кт	后触点
усло́вие ви́димости	能见度条件
усло́вная высота́	假定高度
усло́вная ско́рость	假定速度
устро́йство контро́ля напряже́ния батаре́и	电池电压控制装置
устро́йство электри́ческой централиза́ции	电气集中装置
фикса́ция просле́дования	追踪固定
фронтово́й конта́кт	前触点
хвостово́й сигна́л	尾部信号
чередова́ние поля́рностей	极性交叉
широ́кое примене́ние	广泛应用
электри́ческая ёмкость	电容
электродви́гатель переме́нного то́ка	交流电动机
электрообогре́в	电加热
электроцентрализа́ция	电气集中联锁
элеме́нтное пита́ние	电池供电
я́корь	衔铁(阳)
ярмо́	轭铁

自动控制理论(2)

амортизи́ровать	防震,阻尼
бло́чная схе́ма	方块图
вну́тренний отпеча́ток	内模
гидросисте́ма	液压系统
корректи́ровать	校正
минима́кс	鞍点
надба́вка	裕量
петля́ магни́тного гистере́зиса	磁滞回线
пода́ча пита́ния	前馈
полоса́ засто́я	死区
преде́льный цикл	极限环
сепара́тор	保持器
характеристи́ческое значе́ние	特征值

车站信号控制系统

автоно́мный исто́чник пита́ния	自备能源
блок-аппара́т	闭塞机
вражде́бный сигна́л	敌对信号
комбини́рованный исто́чник пита́ния	组合电源
ла́мпа с двумя́ ни́тями	双丝电灯
маршру́тный	航线的
ме́дленно де́йствующее реле́	缓动继电器
ме́дленно притя́гивающее реле́	缓吸继电器
мицелиа́льная нить	纤丝
нить нака́ливания	灼热灯丝
норма́льно включённый секцио́нный разъедини́тель	常合分段隔离开关
норма́льно закры́тый конта́кт	常闭接点
норма́льно разо́мкнутая кно́пка	常态断开按钮
обходна́я неразветвлённая цепь	迂回电路
однопо́люсное размыка́ние	单断
опломбирова́ть	加封
опо́рный исто́чник пита́ния	基准电源

плáвкий предохранúтель　熔断器
портатúвный батарéйный истóчник питáния　便携式电池电源
прохождéние сигнáла　信号传输
пульт управлéния　操纵台
разрушéние нúти накáла　灯丝烧坏
распределúтельная колóдка　配电接线板
спáренная сигнáльная тóчка　并置信号点
указáтельная лáмпа　指示灯

牵引供电系统

áнкерная стóйка　锚柱
всáсывающий трансформáтор　吸流变压器
габарúтные ворóта　限界门
двухпýтная консóль　双线腕臂
дополнúтельный несýщий трос　附加承力索
жёсткий луч　硬射线
изолúрующая консóль　绝缘腕臂
компенсáтор　补偿器
критúческая нагрýзка　临界负载
наклóнная консóль с прямы́м свéсом　平头斜腕臂
несýщий трос　承力索
однопýтная консóль　单线腕臂
однофáзная цепь　单相电路
однофáзный трансформáтор　单相变压器
оптúческий компенсáтор　光学补偿器
óффлайн　离线
пантóграф　导电弓架
переходнáя опóра　转换支柱
плечó питáния　供电臂
поворóтная консóль　旋转腕臂
полуповорóтная консóль　半旋转腕臂
пролёт/шаг　跨距
райóн энергоснабжéния　供电区
рессóрная цепнáя подвéска　弹性链型悬挂
стальнóй несýщий трос　钢承力索

струнá	吊弦
твёрдое мéсто	硬点
фиксáтор/устрóйство позиционúрования	定位器
фиксáторная стóйка	定位柱
циклúческий порядок	循环次序
эластúчная цепнáя подвéска	弹性链式悬挂
эластúчная цепь	弹性链
электрúческое соединéние	电连接

数字信号处理(DSP)技术及应用

гармонúческая волнá	谐波
группов́ая задéржка	群延迟
диффýзия	弥散
зóна непрозрáчности	阻带
úндекс модуляции	调制指数
канáл свя́зи	信道
кáчество кóнтура	品质因数
линéйное интерполúрование	线性插值
масштáбный коэффициéнт	尺度效应因数
межсúмвольная интерферéнция	码间干扰
несýщий	载波的
обрáтная волнá/отражённый úмпульс/э́хо	回波
огибáющая фýнкция	包络函数
основнóе колебáние	基波
отклонéние частотЫ́	频移
переполнéние	溢出
разблокúровать	释放
свёртка/конволю́ция	卷积
систéма амортизáции	减震系统
склад/пакгáуз	堆栈
суммáтор	加法器
суперпозúция	累加
сходúмость/конвергéнция	收敛性(阴)
увелúчивать/повышáть/добавля́ть	增益
ýзкая полосá	窄带

уравни́тель/компенса́тор/баланси́р/эквала́йзер	均衡器(阳)
фильтр Баттерво́рта	巴特沃斯滤波器
чуде́сное сво́йство	奇异性质

ARM(Advanced RISC Machines)嵌入式系统

а́дресная ши́на	地址总线
блокпрогра́мма	固件
взаи́мное исключе́ние	互斥现象
возвраще́ние	递归
гибри́дная интегра́льная схе́ма	混合集成电路
имита́тор/эмуля́тор/симуля́тор	仿真器
интегри́рованная систе́ма	综合系统
клинч	死锁状态
ко́довая ши́на	地址码总线
контро́льный аппара́т	监视器
крити́ческий разде́л	临界段
логи́ческий ана́лиз	逻辑分析
отве́тная а́дресная ши́на	应答地址总线
опро́с	轮询
по́лностью интегра́льная схе́ма	全集成电路
полупроводнико́вая интегра́льная схе́ма	半导体集成电路
самолёт-цель	目标机(阳)
сверхбольша́я интегра́льная схе́ма	超大规模集成电路
специа́льная интегра́льная схе́ма	专用集成电路
тупико́вая ли́ния	死线
флэш-па́мять	闪存(阴)
ядро́	内核

铁路自动化与远程控制的户外设备(2)

бе́рма	护道
бро́вка	路肩
водопропускна́я труба́	泄水管
голо́вка ре́льса	轨头
давле́ние на ось	轴压力
доро́жное полотно́	路基

железнодорóжная сеть	铁路网
железнодорóжный габари́т	铁路限界
изыскáние трáссы	线路勘测
контáктная сеть	接触网
листовáя проклáдка	垫板
нагрýзка на ось	轴载重
нáсыпь	路堤(阴)
натяжелé	重载
несýщая спосóбность грýнтов основáния	地基土承载力
осáдка основáния	地基沉陷
осевóй кол	中线桩
основáние из рóстверков	承台地基
основáние скáта	坡脚
ось мостá	桥轴线
переводнáя шпáла	岔枕
перераспределéние нагрýзок на ося́х	轴重再分配
подóшва рéльса	轨底
проклáдка/подклáдка	衬垫
прямоугóльная трубá	箱涵
развéдывать	勘测
расшири́тель	油枕(阳)
рéзанный пикéт	断链
рéльсовая рýбка	短轨
рéльсовая упóрка	轨撑
свод одéжды	路拱
стати́ческая разгрýзка оси́	轴重静态转移
сырáя шпáла	素枕
чáйка	木枕
шéйка рéльса	轨腰
шпáла	轨枕
эксплуатáция желéзных дорóг	铁路运营

铁路信号运营及通信技术

авари́йный сигнáл	事故信号
автомати́ческая локомоти́вная сигнализáция	机车自动信号

акусти́ческий сигна́л	音响信号
ви́димый сигна́л	视觉信号
го́рочный сигна́л	驼峰信号
дете́ктор	检测器
измери́тельная цепь	测试电路
изоли́рованная ре́льсовая цепь	绝缘轨道电路
и́мпульсная ре́льсовая цепь	脉冲轨道电路
инду́ктор	感应器
иску́сственный сигна́л	人工信号
ко́довое реле́ с магни́тной блокиро́вкой	电码继电器
конта́ктная автомати́ческая локомоти́вная сигнализа́ция	接触式机车自动信号装置
коэффицие́нт возвра́та бесконта́кного реле́	无触点继电器的恢复系数
коэффицие́нт возвра́та реле́	继电器恢复系数
ли́нзовый светофо́р	透镜色灯信号机
локомоти́вный сигна́л	机车信号
манёвренный сигна́л	调车信号
мига́ющий сигна́л	闪光信号
назе́мный сигна́л	地面信号
наруше́ние це́лости ре́льсовых цепе́й	轨道电路破坏
непреры́вная автомати́ческая локомоти́вная сигнализа́ция	连续式机车自动信号
норма́льно разо́мкнутая ре́льсовая цепь	开路式轨道电路
норма́льный режи́м ре́льсовой це́пи	轨道电路正常状态
огради́тельный сигна́л	防护信号
одноко́точная ре́льсовая цепь	单轨条轨道电路
однопу́тная блокиро́вка	单线闭塞
перего́нный сигна́л	区间信号
перее́здный сигна́л	道口信号
перено́сный сигна́л	移动信号
поездно́й сигна́л	行车信号
постоя́нный сигна́л	固定信号
проже́кторный светофо́р	探照式色灯信号机
прокла́дка ка́беля	电缆敷设
процеду́ра протя́гивания ка́беля	电缆敷设规程

ре́льсовая цепь без изоли́рующих сты́ков	无绝缘轨道电路
ручно́й сигна́л	手势信号
светово́й сигна́л	色灯信号
связь сигна́лами	信号通信
сигна́л наведе́ния	引导信号
централизацио́нный аппара́т	联锁装置
электромагни́тное реле́	电磁继电器

ПРИЛОЖЕ́НИЕ 3 土木工程专业词汇

заполне́ние	填满;填充
запру́да	拦住;坝
заря́д	药包;电荷
засло́нка	节气门
застро́йка	建筑物
засы́пка	填满
затво́р	闸门
зати́рка	擦去
затя́жка	系杆,拉杆
захва́т	夹具,夹子
звено́	管段;环
земли́стый	含土的
зо́льность	灰分,含灰量(阴)
зонд	探测器
известня́к	石灰岩,石灰石
изоля́тор	绝缘体,绝缘器
интенси́вность	强度;强烈性(阴)
ка́бель	电缆;绳索(阳)
кавита́ция	空蚀,空化作用
кали́бр	规;卡钳
ка́мень	岩石(阳)
кана́т	粗绳
капите́ль	柱头(阴)
карни́з	檐,檐口
кату́шка	线圈
кессо́н	沉箱;凹格
кирпи́ч	砖,砖形物
кислота́	酸
кла́пан	阀,活门
клин	楔;楔形物

ковш	斗;土斗
кокс	焦炭,焦煤
колесо́	轮,车轮
коло́дец	井,水井
коло́нка	小圆柱;加油柱
коло́нна	柱,圆柱
колпа́к	罩,盖
компенса́тор	补偿器;膨胀圈
конве́ктор	对流器
консисте́нция	稠度;密度
коро́бка	箱,盒子
корро́зия	腐蚀
котёл	锅炉
кран	起重机,吊车
крепле́ние	加固,巩固
крестови́на	四通管;十字管
кров	住处;屋顶
кро́мка	边缘
круг	圆;圆周
кру́пность	粗度;粒径(阴)
кры́ша	顶;住处
крюк	钩子;挂钩
кула́к	卡爪;凸轮
ку́пол	圆屋顶;炉顶
лак	漆
лакирова́ть	涂漆
лебёдка	起重机
лёд	冰
лека́ло	样板;曲线板
ле́стница	楼梯;梯子
лине́йка	尺,直规
ли́нза	透镜
лист	薄片;板
литьё	铸造
лом	撬棍,铁棒

лопáта	锹
лотóк	水槽
люк	检查口;孔
мазь	软膏,膏剂(阴)
макадáм	碎石路
манжéт	套袖;轴环
маслёнка	油壶,注油器
мастúка	油膏,油灰
масштáб	比例尺,缩尺
мáтовый	不透明的,暗淡的
маяк	标筋
мéльница	磨;磨碎机
мéргель	灰泥(阳)
минерáл	矿物
момéнт	矩,力矩
мост	桥梁;轴架
мостовáя	马路;路面
мотóр	发动机,引擎
мощéние	铺砌
мундштýк	喷口
мýсор	碎煤,焦末
мýфта	管箍;接合器
навéс	棚;檐
нагнетáтель	增压器(阳)
нагрýзка	负荷,负载
наклáдка	鱼尾板;搭板
накладнáя	提货单
наконéчник	喷嘴;顶
налёт	薄膜;挂灰
нанóс	表土;泥沙
напúльник	锉刀
напóр	压头;落差
насáдка	帽木;嵌入
насóс	泵;抽水机
настúл	地面,地板

незамощённый	未铺砌的
необрабо́танный	未加工的;未开垦的
не́тто	净重
нефть	石油,原油(阴)
ни́тка	线;一串
ни́ша	窟洞
но́жницы	剪刀;剪床
но́рма	规范;比例率
обва́л	崩塌,坍塌
обвя́зка	缠住,捆上
обде́лка	加工;砌上
облицо́вка	镶;蒙面
обма́зка	涂料;涂上
обмо́тка	缠绕,卷
обо́и	墙纸
оборо́т	转动;周转
обору́дование	装备,设备
обрабо́тка	耕耘;精炼
образе́ц	试件,模型
обрешётка	铺板条
обши́вка	滚边,镶边
объём	容积;工程量
оде́жда	路面;铺面
окра́ска	染色;油漆
оли́фа	干性油
опа́лубка	装架木模
опера́ция	操作;业务
опо́ра	支撑;支点
о́рган	构件;器具
орна́мент	装饰,饰物
оса́дка	沉陷,下沉
оса́док	沉渣;沉积物
освеще́ние	照明;光亮
оста́ток	剩余;零头
осто́в	骨架;框架

осуше́ние	排水
ось	轴(阴)
отве́рстие	窟窿,孔
ответвле́ние	分叉;分出
отго́нка	蒸馏,干馏
отклоне́ние	偏转,偏倾
отложе́ние	延缓;脱离
о́тмель	浅滩,水浅处(阴)
отопле́ние	供暖
отраже́ние	打退,击退
отсо́с	抽气
отсто́йник	沉淀池;滤水池
отсы́пь	乱石堆;堆筑(阴)
охлажде́ние	变冷
оча́г	炉灶;发源地
очерта́ние	外形,轮廓
очёс	碎屑,线头
павильо́н	凉亭;售货亭
паз	槽
па́кля	麻絮,麻屑
па́лец	栓钉
пане́ль	预制板,壁板(阴)
пар	蒸汽
парово́з	机车,火车头
паропрово́д	蒸汽管道;汽管
па́ста	膏
па́трубок	连接管;支管
пек	沥青,柏油渣
пе́ленг	象限角;方位
перевя́зка	砌合;砌合法
переги́б	弯折,弯曲
перего́н	蒸馏,(使)升华;(使)转移
перегоро́дка	隔墙;隔板
пе́рекись	过氧化物(阴)
переключа́тель	转换开关;换向器(阳)

перекры́тие	楼板;重叠
перемеще́ние	位移,搬移
переплёт	(门、窗的)扇;封面
пери́ла	栏杆;护栏
перфора́тор	钻孔机;凿岩机
перча́тка	手套;分支套管
песо́к	沙;沙土
песча́ник	砂岩;砂石
петля́	绳圈,活扣
петушо́к	套环
печь	炉,火炉(阴)
пигме́нт	颜料,色素
пила́	锯;锉
пита́тель	给料机;进料器(阳)
пи́хта	冷杉,银松
план	计划;平面图
пла́нка	夹板,阻板
пласт	地层,岩层
плечо́	肩;力臂
плёнка	膜,薄膜
плита́	铁板;板材
пли́тка	小铁板
пло́скость	平面;方面(阴)
плоти́на	坝,拦河坝
площа́дка	场地;微面
плуг	犁
поглоще́ние	吸收(作用)
поддо́н	底,炉底
подкла́дка	垫,垫板
подко́с	斜撑;斜切
по́дмости	脚手架
подо́шва	底面;底座
подпо́р	水头;回水
подсу́шивание	烘干,干燥
поду́шка	垫块;缓冲层

подши́пник	轴承
подъёмник	起重机;升降机
покро́в	覆盖层;罩
покры́тие	屋顶;镀层
пол	地板,地坪
поли́вка	洒水;灌溉
политу́ра	抛光剂,擦亮剂
по́лка	隔板;平台
положе́ние	状态;局势;条例
полоса́	车道;频带;波带
по́лость	内腔;孔穴(阴)
поло́тнище	幅;宽度
полотно́	门扇;锯条
полуо́сь	半轴;后轴(阴)
по́люс	极;极地
помеще́ние	室;安放
помо́л	磨粉法
по́мпа	泵,抽水机
пону́р	铺盖层
поплаво́к	浮筒,浮标
по́ристость	多孔性;孔隙度(阴)
поро́г	石梁
поро́да	岩石;岩层
порошо́к	粉末
по́ршень	活塞(阳)
поса́дка	栽植;装料
пост	站,室
постро́йка	建筑;工程
потенциа́л	潜能;电位
поте́ря	损失,损耗
пото́к	流;气流
потоло́к	天花板,顶棚
по́чва	土壤,表土
по́яс	弦;圈梁
преде́л	极限;界限

преломлéние	折射;断裂
преобразовáтель	变流器(阳)
препарáт	制剂;实验标本
прерывáтель	断路器;开关(阳)
пресс	冲床;压力机
прессовáние	压缩,加压
прибóр	仪器;装置
прúвод	传动
приём	方法,手段
прúзма	角柱体
прúзнак	记号,标志
прúмесь	杂质(阴)
припóй	焊料,焊剂
притóк	支流
притяжéние	引力
приямок	采光井;地坑
прóба	试验
прóбка	木栓层
пробóйник	冲孔器
провéтривание	通风,通气
прóвод	导线;电线
прóволока	金属丝;铁丝
прогúб	压弯
прогóн	纵梁
прогрáмма	计划,规划
продýкт	产品
проéкт	设计,草案
проéкция	投射,投影
проём	洞;墙洞
производнáя	导数
прокáпывать	挖通,掘通
проклáдка	铺上;开辟
пролёт	跨长,跨度
промы́вка	洗涤,冲洗
прóрезь	盲沟;切口(阴)

про́рость	夹皮(阴)
просло́йка	薄片;夹层
простра́нство	空间;间隔
противове́с	对重,配重
прото́к	水道;沟槽
про́филь	断面(阳)
про́чность	强度;巩固(性)(阴)
пружи́на	弹簧;发条
прут	棒,条
пуансо́н	冲头,冲压锤
пузы́рь	泡,气泡(阳)
пульт	控制台
пункт	地点;站
пуска́тель	起动器,开动器(阳)
пучо́к	一小束
пылеотдели́тель	除尘器(阳)
пыль	尘埃,灰尘(阴)
пятно́	斑点
равнове́сие	平衡,均衡
радиа́тор	放热器
ра́диус	半径
разби́вка	打破,打碎
разве́дка	勘测,勘探
разжиже́ние	冲稀;稀释
разложе́ние	分解;分析
разме́р	尺寸,大小
ра́зность	差,差数(阴)
разруше́ние	破坏,毁坏
разря́д	放电;缓和
райо́н	区域,地带
ра́ма	框;架
раско́с	斜杆,交叉撑
расположе́ние	布置;排列
распо́рка	横杆,横撑
рассо́л	盐水;盐溶液

раство́р	砂浆,泥浆
расте́ние	植物
растр	光栅;网目板
растяже́ние	拉力,牵力
расхо́д	流率
расхожде́ние	分岔;相左
расце́нка	估价;定价
расшире́ние	展宽,加宽
реа́ктор	电抗器
реа́кция	反作用
ребро́	肋;边缘
реги́стр	调节器;记录器
регули́рование	调整,调节
регуля́тор	调节器,控制器
режи́м	制度;规范
реза́к	小刀
резервуа́р	蓄水库,贮水池
резе́ц	刀具,车刀
ре́зка	切,割
резьба́	螺纹
ре́йка	条板,板条
река́	河流
реле́	继电器;继动器
релье́ф	地形,地势
репе́р	水准点,基准点
репроду́ктор	扬声器
решётка	格子,栅条
ри́гель	横梁,横木(阳)
ри́ска	分度线
ро́лик	防滑条
ро́ссыпь	零散物;耗损(阴)
руба́шка	套;软管
рубero´ид	油毛毡
рука́в	袖子;臂
рукоя́тка	柄,把手

ру́сло	河床,河槽
рыча́г	杠杆,杆
рябь	波纹(阴)
ряж	木框
сагитта́льный	矢状的
сала́зки	滑轨
сре́зка	切下,切去
срок	期限
сруб	砍掉,砍断
стаби́льность	稳定性,稳定度(阴)
ста́дия	阶段
сталь	钢(阴)
стан	机器
станда́рт	标准,规格
стани́на	机座
стано́к	机床,车床
ста́нция	车站;所
старе́ние	时化,时效
ста́тика	静力学;静态
стекло́	玻璃
стелла́ж	架;架板
стена́	墙壁
стенд	台,架
сте́нка	壁
сте́пень	度;幂(阴)
сте́ржень	杆;轴(阳)
стиль	风格,型式(阳)
сто́йка	支柱,支杆
сток	流;排水沟
столб	墩柱
сто́лик	小桌子;台架
сто́пка	小块;堆
сторона́	边,侧
стоя́к	立管;柱子
стрела́	箭头,指针

строе́ние	建筑,建造
строи́тельство	建筑,建设
строп	吊绳,吊索
стропи́ло	椽
стру́жка	刮;刨花
струя́	流,流束
ступе́нь	级(阴)
стык	接合
сугли́нок	壤土
суже́ние	狭窄
сульфа́т	硫酸盐
су́рик	铅丹
суспе́нзия	悬浮体
сучо́к	节,树节
суши́лка	干燥机,干燥器
сфе́ра	球面;层
счёт	点数;账目
счётчик	计量器;计算机
сырьё	原料
трансформа́тор	变压器,互感器
транше́я	沟,地沟
трелёвка	集中木材
тре́ние	摩擦;摩擦力
трест	托拉斯(垄断组织的一种形式)
тре́щина	裂口,裂缝
трещинова́тость	裂隙性(阴)
труба́	管子,导管
трубопрово́д	管道,管线
турби́на	透平
туф	凝灰岩
тя́га	拉力,推力
ува́л	坞洼
уга́р	烧损
углеро́д	碳
углубле́ние	掘深,挖深

у́гол	角度
у́голь	煤炭(阳)
уго́льник	角尺
у́зел	绳结
укла́дчик	砌砖工
укло́н	坡度,斜度
уплотне́ние	紧密
упо́р	支柱
у́ровень	水平面;水位(阳)
уса́дка	收缩,收缩率
уси́лие	作用力
устано́вка	设置,安装
усто́й	桥台,桥墩
усту́п	台;肩
у́стье	出口;孔口
уте́чка	漏失
факту́ра	刻面
фальц	企口;沟
фарфо́р	瓷,细瓷
фаса́д	立面;正面
фаши́на	柴束
фе́рма	构架
фи́бра	纤维
филёнка	嵌板
фильтр	过滤器
фла́нец	凸缘,安装边
флюс	焊剂,焊药
фона́рь	天窗;气楼(阳)
форма́ция	结构
форсу́нка	喷射器
фреза́	旋转犁;松土机
фронт	前线;正面
фунда́мент	基脚,底座
футеро́вка	砌衬
хвост	尾;尾矿

хлори́рование	加氯;氯化
ход	螺距;轨距
холоди́льник	冷却装置;冰箱
хому́т	箍,箍筋
хром	铬
хру́пкость	脆性,脆度(阴)
ца́пфа	轴颈
целлюло́за	纤维素
цеме́нт	水泥;胶合剂
цепь	链,链条(阴)
цикл	周期,循环
цикло́н	气旋
цили́ндр	圆筒;圆柱
циркуля́ция	循环,周流
цо́коль	基脚(阳)
части́ца	颗粒;分子
ча́ша	盘;杯
черепи́ца	瓦
чертёж	图,平面图
че́тверть	四分之一;凹槽(阴)
чешуя́	鳞片
чугу́н	铸铁
шабло́н	模板;防盾
шаг	齿距
ша́йба	垫片,垫圈
шарни́р	铰;关节
ша́хта	竖风道
ше́йка	小颈
шерсть	羊毛(阴)
шестерня́	齿轮
ши́на	轮胎
шкала́	刻度
шлак	矿渣
шланг	水龙带
шлюз	闸门

шля́пка	小帽子,圆帽
шов	接缝
шпо́нка	轴键
шпаклёвка	缝合;抹腻子
шпат	晶石
шпи́лька	双头螺栓
шпунт	板桩
шта́нга	梁,柱
шток	杆,连接杆
штукату́рка	抹灰泥
ще́бень	碎石,石子(阳)
щёлочь	(强)碱(阴)
эже́ктор	喷射器
эква́тор	赤道
эквивале́нт	当量;等效
экра́н	屏;遮光板
экскава́тор	挖掘机,挖土机
эксплуата́ция	使用;维护
экстра́кт	萃取物,浸液
элева́тор	升降机
электрово́з	电力机车
электродви́гатель	电动机(阳)
электрододержа́тель	电焊钳,电焊夹(阳)
электропе́чь	电炉(阴)
электросва́рка	电焊
эма́ль	瓷漆(阴)
эми́ссия	发射,放射
эму́льсия	乳浊液,乳胶体
эро́зия	侵蚀
эстака́да	煤台;水路障
эфи́р	醚
ядро́	核;中心
я́ма	坑,穴
я́щик	箱,槽

ПРИЛОЖЕ́НИЕ 4 金融工程专业词汇

管理学

администрати́вная де́ятельность	管理活动
администрати́вный контро́ль	行政监督
акко́рд	包工;妥协
ана́лиз и приня́тие реше́ния	分析和决策
безопа́сная де́ятельность	安全活动
бухга́лтерская де́ятельность	会计活动
власть и отве́тственность	权力与责任
вне́шний фа́ктор	外部因素
вне́шняя обстано́вка	外部环境
давле́ние	压力
двухфа́кторная тео́рия мотива́ции	双因素理论
декоди́ровать	译码
делёж вла́сти	分权
диапазо́н управле́ния	管理范围
дикта́т	强制
динами́ческая структу́ра програ́ммы	动态程序结构
динами́ческая структу́ра се́ти	动态网络型结构
дисципли́на	纪律
долгосро́чный план	长期计划
дух коллективи́зма	集体主义精神
единовла́стие	集权
еди́ное руково́дство	统一领导
зада́ча	任务
зако́нная власть	法定权力
заме́на	替换
инициати́ва	首创
интуити́вное приня́тие реше́ния	直觉决策
информацио́нная роль	信息作用

исслéдование оперáции	运筹学
канáл	渠道
код	编码
коллектúвное решéние	集体决策
коллектúвные интерéсы	集体利益
коллúзия	冲突
комáнда	指挥
коммéрческий партнёр	商业伙伴
конúческая structýра	锥型结构
конкурéнт	竞争对手
контрóль	控制(阳)
контрóль врéмени	时间控制
контрóль кáчества	质量控制
концептуáльный нáвык	概念技能
координáция	协调
краткосрóчный план	短期计划
лúчное решéние	个人决策
людскúе ресýрсы	人力资源
макросредá	宏观环境
мáтричная структýра	矩阵型结构
межлúчностная роль	人际角色
мéстное управлéние	局部控制
мéтод дéрева решéний	决策树法
мéтод мозговóго штýрма	头脑风暴法
мéтод организациóнного управлéния	组织管理方法
микросредá	微观环境
микроэкономúческий мéтод	微观经济方法
мúссия	使命
нáвык межлúчностного общéния	人际交往技能
наýка поведéния	行为科学
наýчная обоснóванность решéния	决策科学化
наýчное управлéние	科学管理
неопределённое решéние	非确定型决策
непрограммúрованное решéние	非程序化决策
оборонúтельная стратéгия	防御型战略

обуче́ние	培训
обуче́ние без отры́ва от произво́дства	在职培训
определённое реше́ние	确定型决策
организацио́нная структу́ра	组织结构
организацио́нное преобразова́ние	组织变革
организа́ция	组织
оце́нка специали́стов	专家评价
пере́дний план	前景
пирами́да потре́бностей（по Масло́у）	马斯洛需求层次理论
план	计划
полити́ческая среда́	政治环境
полномо́чие	权力
поря́док	秩序
потреби́тель	消费者(阳)
потреби́тельское реше́ние	消费决策
пра́во	法律
пра́вило реше́ния	决策规则
предоставле́ние полномо́чий	授权
преиму́щественный фа́ктор	优势因素
преобразо́вывать систе́му управле́ния	变革管理体制
приспоса́бливаться	迁就
програ́ммное реше́ние	程序化决策
прока́тная оце́нка	租费评估
проце́сс управле́ния	管理过程
разделе́ние труда́	分工
рациона́льное реше́ние	合理决策
реа́кция	反馈
регули́рование с обра́тной свя́зью	反馈式调节
реципие́нт	接受者
реше́ние кома́нды	团队决策
реше́ние по людски́м ресу́рсам	人力资源决策
реше́ние произво́дства	生产决策
реше́ние ри́скового ти́па	风险型决策
роль принима́ющего реше́ния	决策角色
руково́дство	领导

ры́нок рабо́чей си́лы	劳动力市场
систе́ма целево́го управле́ния	目标管理制
системати́ческий ана́лиз	系统分析
снабже́нческий торго́вец	供应商
сотру́дничать	协作
социа́льная психоло́гия	社会心理学
со́циум	社会环境
спо́соб экономи́ческой оце́нки	经济评价方法
справедли́вость	公平(阴)
среднесро́чный план	中期计划
стратеги́ческий контро́ль	战略控制
стратеги́ческий план	战略性计划
стратеги́ческое реше́ние	战略决策
страте́гия диверсифика́ции	多元化经营战略
страте́гия ро́ста	增长型战略
структу́ра кома́нды	团队型结构
такти́ческое подчине́ние	战术控制
такти́ческое реше́ние	战术决策
тво́рческая инициати́ва	首创精神
тео́рия коли́чественного управле́ния	数量管理理论
тео́рия мише́ни	目标理论
тео́рия ожида́ния	期望理论
тео́рия приобретённых потре́бностей Д. МакКле́лланда	麦克利兰成就需要理论
тео́рия систе́много управле́ния	系统管理理论
тео́рия справедли́вости	公平理论
тео́рия управле́ния запа́сами	库存管理理论
тео́рия управле́ния проце́ссами	过程管理理论
те́хнико-экономи́ческий подхо́д	技术经济方法
техни́ческая де́ятельность	技术活动
техни́ческий на́вык	技术技能
техноло́гия	技术
торго́вая де́ятельность	商业活动
управле́ние	管理
управле́ние людски́ми ресу́рсами	人力资源管理

управле́ние обра́тной свя́зью	反馈控制
управля́ющий сре́днего звена́	中级管理
у́ровень управле́ния	管理层级
фа́ктор угро́зы	威胁因素
фина́нсовая де́ятельность	财务活动
фина́нсовый контро́ль	财务控制
фина́нсовый отчёт	财务决算
флюида́льная структу́ра	流态化结构
формирова́ние（разрабо́тка）реше́ний на нау́чных и демократи́ческих нача́лах	决策的科学化、民主化
Хо́торнский экспериме́нт	霍桑实验
целево́е управле́ние	目标管理
цель	目标(阴)
централиза́ция и децентрализа́ция	集权与分权
эконо́мико-математи́ческий ме́тод	经济数理方法
экономи́ческий инструме́нт	经济方法
экономи́ческое усло́вие	经济条件
эта́п отта́ивания	解冻阶段

会计学

акти́в	资产
безнадёжный долг	坏账
бланк при́были	利润表
бухга́лтер	会计
бухга́лтерская кни́га	会计账簿
бухга́лтерская прово́дка	会计分录
бухга́лтерская систе́ма	会计制度
бухга́лтерский архи́в	会计档案
бухга́лтерский бала́нс	资产负债表
бухга́лтерский счёт	会计科目
бухга́лтерский цикл	会计循环
возвра́т ре́ально упла́ченных средств	实收资本
восстанови́тельная сто́имость	重置价值
го́дный к приня́тию дохо́д	应收收入
двойна́я за́пись	复式记账法

де́нежный эквивале́нт	现金等价物
децентрализа́ция учёта	非集中核算
децентрализо́ванный учёт	分散核算
докуме́нт счётно-техни́ческого назначе́ния	记账凭证
долгосро́чные отсро́ченные расхо́ды	长期待摊费用
долгосро́чный акти́в	长期资产
долгосро́чный заём	长期借款
дохо́д	收入
дохо́д от неосновно́й де́ятельности	营业外收入
задо́лженность	负债(阴)
запа́сный фонд капита́ла	资本公积金
зара́нее опла́ченные расхо́ды	预付费用
инвента́рный спи́сок	财产清单
инвента́рный счёт	盘存账户
истори́ческая сто́имость	历史成本
калькуля́ция себесто́имости	成本核算
капита́льные затра́ты	资本性支出
кварта́льная бухга́лтерская отчётность	季度会计报表
компенсацио́нные расхо́ды	补偿性支出
консолиди́рованная фина́нсовая отчётность	合并会计报表
корректу́рный спо́соб исправле́ния оши́бок	划线更正法
краткосро́чный заём	短期借款
ликви́дный акти́в	流动资产
накопи́тельный докуме́нт	累计凭证
нали́чная осно́ва	收付实现制
незарабо́танный дохо́д	预收收入
непреры́вная систе́ма учёта запа́сов	永续盘存制
непреры́вность де́ятельности	持续经营
нераспределённая при́быль	未分配利润
нераспределённые дохо́ды	留存收益
несквито́ванная за́пись	未达账
нефизи́ческий фонд	无形资产
оборо́тный фонд	流动资产
объе́кт учёта	核算对象
основны́е сре́дства	固定资产

осуществля́ть разно́ску по счётам	过账
отчёт нали́чно-де́нежного тече́ния	现金流量表
отчётный пери́од	会计分期
оце́ночное обяза́тельство	预计负债
перви́чный докуме́нт	原始凭证
периоди́ческая инвентариза́ция	定期清查
подлежа́щие опла́те расхо́ды	应付费用
подро́бный расчёт	明细账
по́лная инвентариза́ция	全面清查
права́ и интере́сы со́бственника	所有者权益
при́быль	利润(阴)
про́бный бала́нс	试算平衡
промежу́точный платёж	期间支付
расчётный счёт	结算账户
регули́ровать счёт	调整账户
своди́ть счёт	结账
себесто́имость	成本(阴)
синтети́ческий счёт	总分类账户
собира́тельно-распредели́тельный счёт	集合分配账户
субсиди́рованные расхо́ды	补贴性支出
тра́та	费用
убы́ток от обесце́нивания акти́вов	资产减值损失
физи́ческая инвентариза́ция	实地盘存制
фина́нсово-бухга́лтерская отчётность	财务会计报表
фина́нсовый результа́т	财务成果
централиза́ция учёта	集中核算
части́чная инвентариза́ция	局部清查
чек	收款凭证
элеме́нт бухга́лтерского учёта	会计要素

货币银行学

автоно́мная сде́лка	自主交易
Азиа́тский банк разви́тия	亚洲开发银行
а́кция	股票
ба́зовая проце́нтная ста́вка	基准利率

ба́нковский креди́т	银行信用
валю́тная би́ржа	外汇交易所
валю́тный банк	外汇银行
веду́щий ры́нок	一级市场
ве́ксель	本票(阳)
Всеми́рный банк	世界银行
всео́бщий эквивале́нт	一般等价物
второстепе́нный рыно́к	二级市场
вы́пуск а́кций	股票发行
вы́пуск заёмных облига́ций	发行金融债券
выпуска́ть облига́ции	发行债券
выпускно́й курс облига́ции	债券发行牌价
глоба́льная облига́ция	全球债券
госуда́рственный креди́т	国家信用
движе́ние капита́ла	资本流动
де́нежная ма́сса в обраще́нии	流通中货币量
де́нежная систе́ма	货币制度
де́нежное снабже́ние	货币供给
де́нежное хозя́йство	货币经济
де́нежный мультиплика́тор	货币乘数
де́нежный ры́нок	货币市场
депози́тные де́ньги	存款货币
дефля́ция	通货紧缩
догово́р (соглаше́ние) об обра́тной поку́пке	回购协议
долгово́е обяза́тельство	债券
дохо́дность к погаше́нию	到期收益率
запа́с валю́ты	外汇储备
золото́й запа́с	黄金储备
инвести́тор фо́ндов	证券投资者
инвести́ция акционе́рного пра́ва	股权投资
иностра́нная валю́та и това́р на зака́з	外汇期货
инса́йдерская сде́лка	内幕交易
интегра́ция произво́дства и сбы́та	产销一体化
инфля́ция	通货膨胀
казначе́йское обяза́тельство	国库券

капита́л фо́ндовой инвести́ции	证券投资基金
капита́льный ры́нок	资本市场
коми́ссия фо́ндовой опера́ции	证券经营信托
комме́рческий креди́т	商业信用
компа́ния инвести́ции и креди́та	投资信托公司
ко́свенная котиро́вка	间接标价法
ко́свенное финанси́рование	间接融资
краткосро́чная проце́нтная ста́вка	短期利率
креди́тные де́ньги	信用货币
курс покупа́теля	买入汇率
курс продавца́	卖出汇率
междунаро́дная пряма́я инвести́ция	国际直接投资
ме́ра сто́имости	价值尺度
механи́зм валю́тных ку́рсов	汇率机制
механи́зм дохо́да	收入机制
механи́зм проце́нтной ста́вки	利率机制
механи́зм цен	价格机制
моне́та	货币
нали́чная цена́	现值
наро́дное финанси́рование	民间融资
наро́дный че́ковый инвестицио́нный фонд	人民证券投资基金会
ненадёжный креди́т	不良贷款
неправи́тельственный креди́т	民间信用
номина́льная ста́вка проце́нта	名义利率
о́пция	期权
основна́я валю́та	基础货币
перви́чный депози́т	原始存款
пла́вающая ста́вка	浮动汇率
платёжное са́льдо	国际收支差额
посре́дническая организа́ция	中介机构
пото́к междунаро́дного капита́ла	国际资本流向
пото́к де́нежных средств	货币流量
потреби́тельский креди́т	消费信用
потре́бность в деньга́х	货币需求
практи́ческий проце́нт	实际利率

принима́ть реше́ние о вы́пуске облига́ций	对发行债券做出决议
приро́ст сто́имости	成本增加
прито́к портфе́льных инвести́ций	证券投资流出
произво́дственная калькуля́ция	生产成本核算
проро́чество ри́сков	风险估计
проце́нт	利息
проце́нт че́ка	支票利率
проце́нтный фью́черс	利率期货
пряма́я котиро́вка	直接标价法
прямо́е соедине́ние капита́ла	直接融资
разме́нные де́ньги	辅币
реа́льная ста́вка проце́нта	实际利率
резе́рвный депози́т	存款准备金
риск ликви́дности	清偿性风险
риск наруше́ния догово́ра	违约风险
ростовщи́чество	放高利贷
ры́нок межба́нковских креди́тов	同业拆借市场
ры́нок це́нных бума́г	有价证券市场
ры́ночный валю́тный курс	市场汇率
саморегули́руемая организа́ция	自律性组织
сде́лка у прила́вка	柜台交易
систе́ма страхова́ния ба́нковских вкла́дов	存款保险制度
сло́жный проце́нт	复利
специа́льное пра́во заи́мствования	特别提款权
сре́дний курс	中间汇率
сре́дство обме́на	交易媒介
сре́дство обраще́ния	流通手段
сре́дство платежа́	支付手段
сре́дство скла́да	贮藏手段
сро́чный валю́тный курс	远期汇率
станда́ртная валю́та	本位币
страхова́я компа́ния	保险公司
страхфо́нд	保险基金
теку́честь	流动性(阴)
теку́щий валю́тный курс	即期汇率

телегра́фный перево́дный курс 电汇汇率
това́р на зака́з 期货
торго́вый бала́нс 贸易差额
тра́тта 汇票
уравнове́шивающая делова́я опера́ция 调节性交易
устана́вливать курс 固定汇率
фина́нсовая инспе́кция 金融监管
фина́нсовый пресс 金融压抑
фина́нсовый ры́нок 金融市场
фо́ндовая би́ржа 证券交易所
фо́рвардная ста́вка 远期利率
фо́рекс-ди́лер 外汇经纪商
чек 支票
экзоге́нная переме́нная 外生变量
электро́нные де́ньги 电子货币
эмиссио́нное усло́вие 发行条件
эмите́нт це́нных бума́г 证券发行人
эндоге́нная переме́нная 内生变量
эффе́кт Фи́шера 费雪效应

计量经济学

ана́лиз ме́тодом наиме́ньших квадра́тов 最小平方法分析
антецеде́нтая переме́нная 先行变量
аппроксима́ция ме́тодом наиме́ньших квадра́тов 最小二乘逼近
гетероскедасти́чность 异方差性(阴)
да́нные временно́го ря́да 时间序列数据
квадра́т коэффицие́нта корреля́ции 可决系数
ковариа́ция 协方差
корреляцио́нный ана́лиз 相关分析
коэффицие́нт диспе́рсии инфля́ции 方差膨胀因子
коэффицие́нт регре́ссии 回归系数
крите́рий максима́льного правдоподо́бия 极大似然准则
крите́рий согла́сия 拟合优度检验
ме́тод наибо́льшего правдоподо́бия 最大似然法
ме́тод наиме́ньших квадра́тов 最小平方法

минима́льный разме́р вы́борки 最小样本容量
моде́ль лине́йной регре́ссии 线性回归模型
моде́ль мно́жественной лине́йной регре́ссии 多元线性回归模型
мультиколлинеа́рность 多重共线性(阴)
оста́точная су́мма квадра́тов 残差平方和
пане́льные да́нные 面板数据
переме́нная инструме́нта 工具变量
подго́нка с по́мощью наиме́ньших квадра́тов 最小二乘法符合
попере́чный срез да́нных 截面数据
прове́рка гипо́тезы 假设检验
расчёт констру́кции 结构分析
регрессио́нная су́мма квадра́тов 回归平方和
регрессио́нный ана́лиз 回归分析
спо́соб наиме́ньших квадра́тов 最小二乘法
су́мма квадра́тов сре́днего отклоне́ния 离均差平方和
фикти́вная переме́нная 虚拟变量

统计学

агрега́тный и́ндекс 综合指数
альтернати́вная гипо́теза 备择假设
вероя́тность 概率(阴)
вы́борочное обсле́дование 抽样调查
вы́борочное распределе́ние 抽样分布
вы́борочный учёт 重点统计
двухфа́кторный дисперсио́нный ана́лиз 双因素方差分析
и́ндекс сумми́рования 总量指标
интерва́льная оце́нка 区间估计
ка́чественная переме́нная 定性变量
корреляцио́нная диагра́мма 相关图
коэффицие́нт рассе́яния 离散系数
крити́ческая величина́ 临界值
медиа́на 中位数
ме́тод вы́борки нараста́ющего объёма 增量累积抽样法
ме́тод по распознава́нию образцо́в 抽样判别法
ме́тод факториа́льного ана́лиза 因素分析法

многоступе́нчатый вы́бор 多级抽样法
наблюда́емые да́нные 观测数据
незави́симый образе́ц 独立样本
норма́льная отме́тка 标准分数
норма́льная ра́зность 标准差
нулева́я гипо́теза 原假设
о́бласть неприя́тия гипо́тезы 拒绝域
образе́ц 样本
ожида́ние 期望值
описа́тельная стати́стика 描述统计
отноше́ние 比例,比率
оши́бка обрабо́тки 处理误差
па́рная вы́борка 配对样本
по́иск 普查
показа́тель 指数(阳)
по́лная переме́нная 全变量
пропорциона́льный вы́борочный ме́тод 比例抽样法
проста́я корреля́ция 单相关
разма́х варьи́рования 极差
ра́зность 方差(阴)
ряд распределе́ния 分配数列
сери́йная вы́борка 整群抽样
системати́ческая вы́борка 系统抽样
случа́йная величина́ 随机变量
случа́йный при́нцип 随机原则
согласо́ванность 一致性(阴)
среди́нная то́чка интерва́ла 组中值
сре́дняя величина́ 平均数
стати́стика 统计学
статисти́ческий вы́вод 统计推断
статисти́ческое наблюде́ние 统计调查
сте́пень дове́рия 置信度
типи́ческий вы́бор 分层抽样
то́чечная оце́нка 点估计
цепно́й и́ндекс 环比指数

ча́стость	频数(阴)
эксперимента́льные да́нные	实验数据

西方经济学

бро́кер	经纪人
бухга́лтерская себесто́имость	会计成本
бюдже́тная ли́ния	预算线
валова́я при́быль	总收益
валово́й вну́тренний проду́кт	国内生产总值
валово́й национа́льный проду́кт	国民生产总值
де́нежная иллю́зия	货币幻觉
де́нежная систе́ма	货币制度
динами́ческая игра́	动态对策
динами́ческий ана́лиз	动态分析
дифференци́рованная аэрофотографи́ческая съёмка стати́ческого ана́лиза	静态分析法
долгосро́чный	长期的
дохо́ды за большо́й масшта́б	规模报酬
дугова́я эласти́чность	弧弹性
зако́н Э́нгеля	恩格尔定律
изготови́тель	生产者(阳)
изли́шек потреби́теля	消费者剩余
измене́ние основно́й себесто́имости	固定成本变动
инвестицио́нный мультиплика́тор	投资乘数
кардина́льная поле́зность	基数效用
коне́чный проду́кт	最终产品
коро́ткий срок	短期
коэффицие́нт Джи́ни	基尼系数
крива́я безразли́чия	无差异曲线
крива́я ра́вных изде́ржек	等成本线
ли́чная вещь	私人物品
локсодроми́ческая крива́я	等斜线
мора́льный риск	道德风险
нало́говый мультиплика́тор	税收乘数
неблагоприя́тный отбо́р	逆向选择

неопределённость	不确定性(阴)
о́бщая себесто́имость	总成本
обще́ственные ресу́рсы	公共资源
олигархи́ческий ры́нок	寡头市场
оптима́льность по Паре́то	帕累托最优
отчётная себесто́имость	决算成本
пара́метр	参数
перекрёстная эласти́чность спро́са по цене́	需求的交叉弹性
переме́нная изде́ржки	变动成本
по́лная заме́на	完全替代品
по́лная информа́ция	完全信息
поря́дковая поле́зность	序数效用
поста́вка	供给
посто́янная себесто́имость	固定成本
потреби́тельские ну́жды	消费者需求
преде́льная но́рма техни́ческого замеще́ния	边际技术替代率
преде́льная поле́зность	边际效用
преде́льная себесто́имость	边际成本
преде́льная скло́нность к потребле́нию	边际消费倾向
преде́льный дохо́д	边际收益
преде́льный коэффицие́нт заме́ны	边际替代率
преде́льный проду́кт	边际产量
промежу́точный проду́кт	中间产品
равнове́сие	均衡
равнове́сная цена́	均衡价格
резерви́рованная цена́	保留价格
спрос	需求
сре́дний дохо́д	平均收益
сре́дняя вы́работка	平均产量
сто́имость возмо́жности	机会成本
теоре́ма спро́са и предложе́ния	供求定理
тео́рия игр	博弈论
торго́вая то́чка	营业点
то́чечная эласти́чность	点弹性
трансакцио́нные изде́ржки	交易成本

упру́гость	弹性(阴)
фина́нсовая поли́тика	财政政策
фу́нкция предложе́ния	供给函数
цена́ спро́са	需求价格
ценова́я дискримина́ция	价格歧视
эконо́мика в большо́м масшта́бе	规模经济
экономи́ческая моде́ль	经济模型
экономи́ческая рента́бельность	经济利润
экономи́ческая тео́рия благосостоя́ния	福利经济学
эласти́чность предложе́ния по цене́	供给的价格弹性
эласти́чность спро́са по дохо́ду	需求的收入弹性
эласти́чность спро́са по цене́	需求的价格弹性
эффе́кт	效用
эффе́кт заме́ны	替代效应

公司金融学

аккомодацио́нная аре́нда	融资租赁
ана́лиз обора́чиваемости оборо́тных средств	流动资产周转率分析
ана́лиз чувстви́тельности	敏感性分析
быстрореализу́емый акти́в	速动资产
бюдже́т капиталовложе́ний	资本预算
вне́шнее финанси́рование	外部融资
вну́тренняя сто́имость	内在价值
ги́бкое бюджети́рование	弹性预算
двухвалю́тная облига́ция	双重货币债券
дивиде́ндная пропо́рция	股东权益比率
коле́блющийся проце́нт	流动比率
коэффицие́нт валово́й при́были	毛利率
коэффицие́нт платёжеспосо́бности	偿付比率
коэффицие́нт покры́тия проце́нтных вы́плат	利息支付倍数
ме́тод лине́йного программи́рования	线性规划法
ме́тод теку́щей це́нности	现值法
мультиплика́тор капита́ла	资本乘数
но́рма при́были от реализа́ции	销售利润率
оборо́т дебито́рской задо́лженности	应收账款周转率

оборо́т сумма́рных акти́вов	总资产周转率
операцио́нная аре́нда	经营租赁
операцио́нный капита́л	营运资本
отноше́ние ры́ночной капитализа́ции к чи́стой при́были	市盈率
отраслево́й станда́рт	行业标准
пери́од возвраще́ния инвести́ции	投资回收期
резе́рвное обяза́тельство	余额包销
синергети́ческий эффе́кт	协同效应
скользя́щий бюдже́т	滚动预算
ско́рость оборо́та това́рных запа́сов	存货周转速度
сме́тная но́рма	预算定额
структу́ра капита́ла	资本结构
твёрдая сме́та	固定预算
теоре́ма отдели́мости	分离定理
то́чка безубы́точности	盈亏平衡点
фина́нсовый бюдже́т	财务预算
фина́нсовый рыча́г	财务杠杆
чи́стый де́нежный пото́к от операцио́нной де́ятельности	经营净现金流

商业银行学

Ба́зельское соглаше́ние	巴塞尔协议
внебала́нсовая опера́ция	表外业务
возвра́т ре́ально упла́ченных средств	实收资本
гаранти́йный креди́т	保证贷款
избы́точный капита́л	过剩资本
комиссио́нный банк	银行信托
коэффицие́нт（сте́пень）доста́точности капита́ла	资本充足率
креди́т под зало́г	抵押贷款
креди́тный посре́дник	信用中介
необеспе́ченный капита́л	债务资本
обя́зательство по предоставле́нию за́йма	贷款承诺
операцио́нные изде́ржки	业务支出
операцио́нный дохо́д	业务收入

основнóй капитáл	核心资本
платёжный посрéдник	支付中介
прéмия за риск	风险补偿
процéнтный фьючерс	利率期货
ри́сковая администрáция	风险管理
снимáть	租赁
субстандáртный креди́т	次级贷款
торгóвый банк	商业银行
управлéние ли́чными финáнсами	个人理财
управлéние ри́ском	风险控制
финáнсовая услýга	金融服务
финáнсовый агéнт	代理融通

金融工程

америкáнский опциóн	美式期权
арбитрáж	套汇,套利
валю́тный своп	货币互换
гаранти́йный депози́т	保证金
дéнежное обращéние	头寸
европéйский опциóн	欧式期权
казначéйский билéт	国库券
коммéрческая бумáга	商业票据
краткосрóчная процéнтная стáвка	短期利率
откры́тие цены́	价格发现
параллéльный креди́т	平行贷款
процéнтный опциóн	利率期权
процéнтный своп	利率互换
соглашéние обрáтного вы́купа	回购协议
фóрвардный контрáкт	远期合约
фью́черс	期货
хеджи́рование	套期保值

投资银行业务

áкция “голубы́е фи́шки”	蓝筹股
балáнсовая стóимость	账面值

бе́та-коэффицие́нт	贝塔系数
бро́керская коми́ссия	经纪佣金
бро́совая облига́ция	垃圾债券
бы́чий ры́нок	牛市
да́та вы́платы дивиде́ндов	派息日
да́та расчёта	结算日
де́нежная су́мма сде́лки	成交金额
дивиде́нд по а́кциям	股息
диск-отме́тчик	指示盘
дохо́дность	收益性(阴)
инвестицио́нная комбина́ция	投资组合
и́ндексный фонд	指数基金
конверти́руемые це́нные бума́ги	可转换证券
коэффицие́нт дохо́дности	收益率
медве́жий ры́нок	熊市
откры́тый фонд	开放式基金
повыше́ние сто́имости основно́го капита́ла	资产增值
посре́дник	经纪商
прави́тельственная облига́ция	政府债券
пре́мия	溢价
при́быль на а́кцию	每股盈利
прода́жная цена́	卖价
ра́зница ме́жду це́нами продавца́ и покупа́теля	买卖差价
ры́ночная зая́вка	市价盘
сбаланси́рованный фонд	平衡式基金
соста́в портфе́ля акти́вов	资产组合
спра́вочный и́ндекс	参考指数
сто́имость поку́пки	买价
техни́ческий ана́лиз	技术分析
управле́нческие расхо́ды	管理费用
управля́ющий фо́ндом	基金经理
фонд де́нежного ры́нка	货币市场基金
фонд закры́того ти́па	封闭式基金
хе́джевый фонд	套利基金
чи́стая сто́имость акти́вов на а́кцию	每股资产净值

экс-дивидéндная дáта 除息日
элементáрный анáлиз 基本分析

人力资源管理

абсолю́тное коли́чество 绝对数量
анáлиз рабóты 工作分析
биологи́чность 生物性(阴)
возбуждéние 激励
воспроизводи́мость 再生性(阴)
кáдровая стратéгия 人力资源战略
кóнкурс 招聘
контингéнт 定额
людски́е ресу́рсы 人力资源
неотчуждáемость 不可剥夺性(阴)
отбóр 选拔
относи́тельное коли́чество 相对数量
оцéнка выполнéния рабóт 绩效考核
оцéнка сотру́дника 员工考评
оцéнка трудá 工作评价
оцéночный показáтель 考评指标
пенсиóнное страховáние 养老保险
подви́жность 能动性(阴)
понижéние в дóлжности 降职
потóк человéческих ресу́рсов 人力资源流动
провéрка и оцéнка ли́чностных кáчеств 人才测评
проéкт рабóт 工作设计
профессионáльная карьéра 职业生涯
профессионáльное обучéние 工作培训
психологи́ческая провéрка 心理测验
режи́м рабóты 工作规范
ролевáя игрá 角色扮演
ры́нок человéческих ресу́рсов 人力资源市场
сдéрживающая систéма 约束机制
систéма социáльного обеспéчения 社会保障制度
страховáние от безрабóтицы 失业保险

страхова́ние от произво́дственного травмати́зма	工伤保险
трудово́й контра́кт	劳动合同
управле́ние людски́ми ресу́рсами	人力资源管理
челове́ческий капита́л	人力资本
эпоха́льность	时代性(阴)

市场营销学

аге́нт	代理商
втори́чные да́нные	二手数据
горизонта́льная интегра́ция	水平一体化
ди́лер	经销商
избира́тельная дистрибу́ция	选择性分销
индивидуализи́рованный марке́тинг	定制营销
исхо́дные да́нные	原始数据
кана́л распростране́ния	分销渠道
ка́чественный прогно́з	定性预测
коли́чественный прогно́з	定量预测
комбина́ция проду́ктов	产品组合
ко́мплекс продвиже́ния	促销组合
конце́пция клие́нта	客户观念
конце́пция произво́дства	生产观念
конце́пция сбы́та	推销观念
коэффицие́нт ры́ночного занима́ния	市场占有率
марке́тинг	市场营销
марке́тинг партнёрских отноше́ний	关系营销
марке́тинг с учётом экологи́ческих фа́кторов	生态营销
междунаро́дный марке́тинг	国际市场营销
надёжность	可靠性(阴)
новизна́	新产品
обра́тный марке́тинг	逆向营销
организацио́нный ры́нок	组织市场
основна́я проду́кция	核心产品
перекрёстная эласти́чность	交叉弹性
покупа́тельная спосо́бность	购买力
потенциа́льная потре́бность	潜在需求

потреби́тельский ры́нок	消费者市场
програ́мма торго́вли	市场营销计划
проду́кт присоедине́ния	附加产品
ра́звитый спрос	充分需求
разрабо́тка проду́кции для прода́жи	产品开发
регресси́вная интегра́ция	后向一体化
ры́нок	市场
ры́нок производи́теля	生产者市场
ры́ночная ориента́ция	市场定位
ры́ночное проникнове́ние	市场渗透
ры́ночное разви́тие	市场开发
свя́зи с обще́ственностью	公共关系
ски́дка нали́чных де́нег	现金折扣
страте́гия марке́тинга	市场营销战略
торго́вая наце́нка	商品差价
угрожа́ющий спрос	有害需求
управле́ние марке́тингом	营销管理
факти́ческий това́р	实际产品
целево́е управле́ние	目标管理
целево́й ры́нок	目标市场
ценова́я эласти́чность спро́са	需求价格弹性
чрезме́рная потре́бность	过量需求
экологи́ческая угро́за	环境威胁
эксперимента́льное проекти́рование	实验设计
эксперимента́льный ввод	实验投入
эласти́чность спро́са по дохо́ду	需求收入弹性
электро́нная комме́рция	电子商务
эффекти́вность	有效性(阴)

国际贸易

аккредити́в	信用证
валю́тный де́мпинг	外汇倾销
валю́тный контро́ль	外汇管制
вести́ акко́рдную прода́жу	包销
внешнеторго́вая поли́тика	对外贸易政策

врождённые ресу́рсы	资源禀赋
доба́вочный тамо́женный тари́ф	附加关税
и́мпортная кво́та	进口配额
интеллектуа́льная со́бственность	知识产权
компенсацио́нная торго́вля	补偿贸易
конструкти́вная ги́бель	推定全损
междунаро́дное деле́ние	国际分工
междунаро́дный ры́нок	国际市场
межнациона́льная компа́ния	跨国公司
меркантили́зм	重商主义
мирово́й ры́нок	世界市场
морски́е ри́ски	海上风险
обраба́тывающая торго́вля	加工贸易
о́бщая ава́рия	共同海损
объём вне́шней торго́вли	对外贸易量
отправля́ть на консигна́цию	寄售
поли́тика протекциони́зма	保护贸易政策
поли́тика свобо́дной торго́вли	自由贸易政策
по́лный факти́ческий уще́рб	实际全损
реэ́кспорт	再出口
специа́льная экономи́ческая зо́на	经济特区
сравни́тельная себесто́имость	比较成本
сте́пень зави́симости от вне́шней торго́вли	对外贸易依存度
страху́емый интере́с	保险利益
суде́бные изде́ржки по трудовы́м спо́рам	施救费用
тамо́женная по́шлина	关税
тамо́жня	海关
това́рная би́ржа	商品交易所
торго́вое пресле́дование	贸易制裁
торго́вое усло́вие	贸易条件
транзи́тная торго́вля	过境贸易；转口贸易
устано́вленный зако́ном тари́ф	法定关税
фактороинтенси́вность	要素密集度(阴)
фиска́льный тари́ф	财政关税
фью́черсная сде́лка	期货交易

ча́стная ава́рия	单独海损
чи́стый э́кспорт	净出口
экономи́ческая глобализа́ция	经济全球化
э́кспортный креди́т	出口信贷

企业战略管理

ана́лиз страте́гии хозя́йствования предприя́тий	企业经营战略分析
бюдже́т	预算
вне́шняя реви́зия	外部审计
вне́шняя среда́ предприя́тия	企业外部环境
вну́тренняя прове́рка	内部审计
встре́чная торго́вля	反向贸易
глоба́льная страте́гия	全球战略
годово́й план	年度计划
догово́р об управле́нии	管理合同
единовла́стие	集权
единоли́чный облада́тель лице́нзии	排他许可证
интеграцио́нная страте́гия	一体化战略
конкуре́нтная страте́гия	竞争战略
координацио́нный механи́зм	协调机制
корпорати́вное ви́дение	企业愿景
ко́свенный э́кспорт	间接出口
ку́пля	并购
ми́ссия компа́нии	企业使命
о́браз предприя́тия	企业形象
о́бщие це́нности	共同价值观
о́пытная крестови́на	经验曲线
основна́я сфе́ра де́ятельности	核心业务范围
отраслева́я концентра́ция	行业集中度
отраслево́й ана́лиз	行业分析
перехо́д себесто́имости	转换成本
полити́ческая среда́	政治环境
по́лная лице́нзия	独占许可证
поря́док де́йствий	行为规范
послепрода́жное обслу́живание	售后服务

преиму́щество в конкуре́нции	竞争优势
прямо́й э́кспорт	直接出口
разделе́ние труда́	分工
распределе́ние ресу́рсов	资源配置
систе́ма отве́тственности за рабо́ту	工作责任制
совме́стное предприя́тие	合资企业
совме́стный	合资的
срок окупа́емости капита́льных затра́т	投资回收期
стратеги́ческая цель	战略目标
стратеги́ческий алья́нс	战略联盟
стратеги́ческий контро́ль	战略控制
стратеги́ческий план	战略规划
страте́гия	战略
страте́гия диверсифика́ции	多元化战略
страте́гия предприя́тия	企业战略
страте́гия централиза́ции	集中化战略
сфе́ра эксплуата́ции	经营范围
управле́ние заку́пками	采购管理
управле́ние проце́ссом	过程控制
филосо́фия управле́ния компа́нией	企业经营哲学
цепо́чка це́нности	价值链
эксплуата́нт	经营单位

企业价值评估

амальгама́ция	企业合并
ана́лиз по сро́кам задо́лженности	账龄分析
аренду́емые акти́вы	租赁资产
аукцио́н акти́вов	资产拍卖
ба́зовая да́та оце́нки	评估基准日
бала́нсовая сто́имость	账面价值
банкро́тство предприя́тия	企业破产
би́ржевая сто́имость а́кции	股票价值
бухга́лтерская при́быль	会计利润
бухга́лтерский ана́лиз	会计分析
бухга́лтерский отчёт	会计报告

величина́ ски́дки	贴现率
взаимосвя́занная сде́лка	关联交易
владе́ние ме́ньшей ча́стью а́кций	少数股权
вмести́мость	容积率(阴)
вну́тренний отчёт	内部报告
вну́тренняя сто́имость	内在价值
гипотети́ческий ме́тод иссле́дования	假设开发法
докла́д об оце́нке	评估报告
долгосро́чная инвести́ция	长期投资
дохо́д	收益
дохо́дность инвести́рованного капита́ла	投资报酬率
дохо́дный подхо́д	收益法
забала́нсовое（внебала́нсовое）финанси́рование	表外融资
зако́н о себесто́имости	成本法
заровня́ть	填平补齐
инвестицио́нная себесто́имость	投资成本
инвестицио́нная сто́имость	投资价值
инжене́рная оце́нка	工程评估
ликви́дная сто́имость	清算价值
максимиза́ция сто́имости предприя́тия	企业价值最大化
маши́нное обору́дование	机器设备
ме́тод наблюде́ния и ана́лиза	观测分析法
ме́тод обобще́ния	类比法
ме́тод оце́нки по ры́ночной сто́имости	市场法
механи́зм воодушевле́ния	激励机制
моде́ль ценообразова́ния капита́льных акти́вов	资本资产定价模型
нало́г на доба́вленную сто́имость земе́льного уча́стка	土地增值税
неры́ночная сто́имость	非市场价值
нефизи́ческий фонд	无形资产
операти́вные пра́вила	业务准则
определе́ние местоположе́ния	定位
освобожде́ние от акти́вов	资产剥离
оце́нка капита́ла	资产评估
оце́нка обору́дования	设备评估

оце́нка сто́имости	价值评估
оце́нка успе́хов	业绩评价
оце́ночный конса́лтинг	评估咨询
переда́ча иму́щества	资产转让
переорганиза́ция капита́ла	资产重组
перехо́дный пери́од	过渡期
подгото́вить бюдже́т	编预算
покры́тие акти́вами	资产抵偿
полева́я съёмка	现场勘查
полити́ческое ограниче́ние	政策限制性
поте́ря капита́ла	资产流失
пра́во по́льзования	使用权
пра́во со́бственности	所有权
предложе́ние и спрос	供求
причита́ющаяся до́ля	收益份额
прода́жа зало́женного иму́щества	资产变卖
произво́дительное предприя́тие	生产企业
проста́я инвести́ция	单项投资
профессиона́льный крите́рий	专业性准则
проце́нт глубины́	深度百分率
распа́д предприя́тия на пая́х	合营企业解散
расхо́д нали́чных де́нег	现金流量
рефо́рма госуда́рственных предприя́тий	国有企业改革
риск	风险
ри́сковая сто́имость	在险价值
рост	增长
ры́ночная сто́имость	市场价值
свобо́дный де́нежный пото́к	自由现金流
справедли́вая сто́имость	公允价值
ссы́лочный объе́кт	参照物
статисти́ческая флуктуа́ция	统计起伏,统计涨落
сто́имость земли́	土地价值
сто́имость капита́ла	资本价值
сто́имость предприя́тия	企业价值
техни́ческий ресу́рс	技术寿命

торгóвая репутáция	商誉
увели́чивать капитáл и расширя́ть пай	增资扩股
устóйчивый рост	可持续增长
учётная стáвка	贴现率
физи́ческая жизнь	物理寿命
финáнсовое затруднéние	财务困境
финáнсовый анáлиз	财务分析
финáнсовый прогнóз	财务预测
ценá исполнéния	执行价格
ценá на зéмлю	地价

СПИ́СОК ЛИТЕРАТУ́РЫ

[1] МОСКОВСКИЙ ГОСУДАРСТВЕННЫЙ ТЕХНИЧЕСКИЙ УНИВЕРСИТЕТ ИМ. Н. Э. БАУМАНА. Организация дизайнерской деятельности[EB/OL]. [2021-12-01]. http://design.bmstu.ru/ru/modules/pages/?pageid=5.

[2] СЕВЕРО-ЗАПАДНЫЙ ОТКРЫТЫЙ ТЕХНИЧЕСКИЙ УНИВЕРСИТЕТ. Профиль《Технологии, оборудование и автоматизация машиностроительных производств》[EB/OL]. [2021-12-15]. http://nwotu.ru/mashinostroenie.

[3] СТРОИТЕЛЬСТВО ГРАЖДАНСКИХ И ПРОМЫШЛЕННЫХ ЗДАНИЙ. Проектирование гражданских зданий[EB/OL]. [2021-12-30]. http://www.gr-stroyka.ru/index.php?option=com_content&view=category&id=3&Itemid=4.

[4] HELPKIS. Состояние устройств железнодорожной автоматики и телемеханики [EB/OL]. [2022-01-05]. https://helpiks.org/4-42625.html.

[5] VUZOPEDIA. Машины и технологии обработки материалов давлением в метизных производствах — профиль бакалавриата в вузах России[EB/OL]. [2021-11-01]. https://vuzopedia.ru/program/bakispec/445.

[6] VUZOPEDIA. Оборудование и технология повышения износостойкости и восстановление деталей машин и аппаратов в ОГУ, профиль бакалавриата[EB/OL]. [2021-09-25]. https://vuzopedia.ru/vuz/3511/programs/bakispec/668.

[7] VUZOPEDIA. Технология, оборудование и автоматизация машиностроительных производств в МГТУ им. Н. Э. Баумана, профиль бакалавриата[EB/OL]. [2022-02-01]. https://vuzopedia.ru/vuz/4/programs/bakispec/713.